MISIÓN POSIBLE:
DE LA PLAZA
A LAS
ESTRELLAS

MEMORIAS Y REFLEXIONES

SALVADOR LANDEROS AYALA

Misión Posible: De la Plaza a las Estrellas
Memorias y Reflexiones
Salvador Landeros Ayala

Esta obra ha sido publicada por su autor a través del servicio de autopublicación de EDITORIAL PLANETA, S.A.U. para su distribución y puesta a disposición del público bajo la marca editorial Universo de Letras por lo que el autor asume toda la responsabilidad por los contenidos incluidos en la misma.

Diseño de la cubierta: Equipo de diseño de Universo de Letras

Imagen de cubierta: ©Shutterstock.com

Obra publicada por el sello Universo de Letras
www.universodeletras.com
Primera edición: 2026

ISBN: 9791388010217
ISBN eBook: 9791387716974

A mi esposa Alma Rosa

A mis hijos Alejandra, Salvador y Guillermo

A mis hermanos Guillermo, Raquel,
Jesús, María de la Luz, Francisco, Juan,
Cristina, Lourdes, Arturo, Álvaro Luis

A Javier Jiménez Espriú

A Rodolfo Neri Vela

A Gerardo Ferrando Bravo

Infancia y adolescencia

Nací en San Juan del Río, Querétaro, en el seno de una familia de escasos recursos —tema sobre el que volveré más adelante—. La historia de mi pueblo ha sido ampliamente documentada en las obras de Rafael Ayala Echávarri, mi tío abuelo, a quien conocí cuando ingresé a la UNAM, donde él era director de la Facultad de Odontología. En sus libros me basé para destacar algunos datos sobre los orígenes de San Juan del Río.

Los primeros pobladores de la hoy floreciente ciudad sanjuanense fueron unos cuantos hombres de origen otomí, asentados en la orilla del caudaloso río que desemboca en el océano, incluso antes de que otros grupos se establecieran definitivamente.

La prehistoria de un pueblo comienza cuando existen indicios de que el ser humano ha pisado la tierra que se estudia; es decir, cuando hay conciencia de que habitó físicamente ese lugar.

En San Juan del Río se han hallado vestigios del hombre prehistórico, como puntas de proyectil idénticas a las encontradas en Tepexpan, comparables a las de Folsom en Norteamérica. Estas piezas, en forma de hoja de laurel, datan de más de ocho mil años antes de Cristo. También se han descubierto restos de mamut en la zona. En aquella época, el ser humano vivía en pequeños grupos y su dieta, escasa y rudimentaria, se basaba en la caza y en la recolección de raíces y frutos silvestres.

Una vez tomada la Ciudad de México por Hernán Cortés y asegurada su población, los conquistadores comenzaron a extenderse hacia las regiones circunvecinas. Muy pronto, con asombrosa rapidez, emprendieron la conquista de todo el territorio del antiguo Imperio Mexicano. Las matanzas eran tan crueles y despiadadas que los pueblos indígenas se replegaban a los montes y zonas inaccesibles. Así, cuando los españoles llegaron a provincias como Jilotepec, Tula, Tepeji del Río y otros sitios cercanos, muchos núcleos otomíes ya habían emigrado hacia las tierras donde hoy se encuentran San Juan del Río y Querétaro.

En este contexto, un indígena otomí llamado Juan Mexici, originario del pueblo cabecera de Jilotepec, decidió poblar tierras chichimecas. Asentó a su gente en un terreno calizo y tepetatoso, junto a unos sabinos ubicados a la orilla del río, al sur de lo que hoy es la ciudad de San Juan del Río. Más adelante, otros pobladores conocidos como «los pacificadores» —Nicolás de San Luis Montañez, Fernando de Tapia (Conín) y Pedro Martín del Toro— se establecieron en la región. Nicolás de San Luis Montañez relata que en aquella expedición también iba La Malinche, la famosa intérprete de Hernán Cortés, quien llegó a San Juan del Río acompañando al grupo.

Así fue como los pacificadores llegaron a un territorio habitado por personas de su mismo origen, probablemente conocidos. No hubo derramamiento de sangre, ni siquiera un intento de escaramuza: simplemente llegaron y asentaron pacíficamente a sus soldados.

Ingresaron a lo que hoy es el centro de la población —la actual plaza principal— y, de esa manera, quedó fundado el pueblo el 24 de junio de 1531.

El corazón de la fundación fue la plaza central y una pequeña capilla, donde el fraile, bachiller y doctrinero Juan Bautista celebró por primera vez la misa religiosa. De ahí proviene el nombre de San Juan del Río.

En mi infancia, el municipio contaba con treinta y nueve mil cuatrocientos cincuenta habitantes y la ciudad con once mil ciento setenta y siete. Por desgracia, el dialecto otomí ya se había perdido.

En aquella época, la plaza principal —hoy conocida como Plaza Independencia— era el centro comercial de toda la región. No existían mercados formales ni tiendas de autoservicio, por lo que los habitantes de los municipios circunvecinos acudían a surtirse de comestibles, ya fuera para el consumo familiar o para abastecer sus misceláneas de abarrotes.

Cuando yo cursaba el quinto año de primaria, supimos en la familia que a mi padre le ofrecían adquirir una tienda de abarrotes ubicada en la misma plaza principal. Mi padre, de origen agricultor, había trabajado toda su vida en una fábrica de cerillos. Por las circunstancias familiares, tuvo que estudiar y trabajar al mismo tiempo, por lo que solo pudo cursar hasta cuarto año de primaria.

Con once hijos y un salario de obrero, necesitaba complementar sus ingresos a través del comercio —actividad que siempre le gustó—, dedicando los fines de semana a la compraventa de semillas y al cuidado de una pequeña granja familiar. Su jornada en la fábrica comenzaba a las cinco de la mañana y terminaba a las diez de la noche, así que atendía la granja después del trabajo.

En cierto momento, los dueños de la fábrica decidieron abrir una pequeña tienda de abarrotes para beneficiar a los trabajadores, y le encomendaron a mi padre su administración durante varios años.

La plaza y el espacio

El contador de la fábrica tenía una tienda de abarrotes en la plaza principal, conocida como La Abeja. Un fin de semana le dijo a mi padre: «Jesús, le vendo La Abeja». Mi padre pensó que era una broma y no le dio importancia. Sin embargo, al siguiente fin de semana, el contador insistió: «Le vendo La Abeja, quédese con ella». Entonces a mi padre le entró la tentación y respondió: «¿Con qué quiere que se la pague, si usted conoce nuestra situación económica?». El contador le dijo: «No se apure, de cualquier manera, nos arreglamos». Y mi padre contestó: «Voy a pensarlo».

El siguiente fin de semana, el contador volvió a preguntar: «¿Ya hacemos el arreglo?». Mi padre quiso saber cómo lo proponía, y él respondió: «Me da usted un pequeño anticipo y el resto me lo va pagando como pueda». Entonces mi padre vendió su granjita para reunir el anticipo, cerró la operación y tomó posesión de la tienda.

Poco después, se presentó un proveedor mayorista reclamando facturas pendientes. Mi padre respondió: «Yo no le debo nada; ahí están sus documentos». De inmediato, fue a buscar al contador y le pidió que se hiciera cargo del negocio, porque no quería problemas. Pero el contador le dijo: «Usted sígale. Si el señor vuelve, dígale que venga a arreglarse conmigo».

En 1962, el costo total de La Abeja fue de treinta y ocho mil cuatrocientos pesos —aproximadamente lo que costaba un automóvil en esa época—, con un pago inicial de doce mil pesos y el resto, veintiséis mil cuatrocientos, a cubrir en veinte meses mediante mensualidades de mil o dos mil pesos.

Fue una verdadera oportunidad, ya que las ventas mensuales promediaban los veinte mil pesos, con una utilidad del veinte por ciento. Creo que, por la generosidad del dueño y el aprecio que sentía por mi padre, al momento de hacer el avalúo solo consideró los inventarios, sin tomar en cuenta la amplia clientela cautiva que ya tenía la tienda ni su proyección a futuro.

Si hacemos hoy algunos cálculos financieros, los resultados son los siguientes:

VAN (VPN): 377,000; TIR: 24.6 %; Tiempo de recuperación: un año

La Abeja se convirtió en una de las tiendas más importantes de la ciudad. Tenía una gran demanda todos los días, y los domingos era tal la afluencia de clientes que la tienda se saturaba. Trabajábamos en ella todos los hermanos y hermanas, desde las siete de la mañana hasta las diez de la noche, incluidos los fines de semana.

No había empleados: éramos solo nosotros, y trabajábamos con una honestidad a toda prueba.

Pasaron los años y, cuando se construyó el mercado de la ciudad, abrimos una segunda tienda. Transportábamos mercancía desde la primera, a veces en una camioneta y otras con un carrito de ruedas —conocido como «diablo»— con el que cruzaba la plaza principal rumbo al nuevo mercado. En el trayecto pasaba también por un campo de fútbol, donde solía detenerme a jugar un rato. Por eso no faltaban los regaños de mi padre y de mis hermanos mayores.

Para seguir apoyando en las tiendas, tuve que estudiar en una secundaria nocturna. Por las mañanas trabajaba, y por las tardes y noches asistía a clases. A los catorce años ya iba solo al banco a hacer depósitos y a tratar directamente con el gerente sobre las cuentas.

Al terminar la secundaria, seguí colaborando en la tienda, en parte porque no había preparatoria en la ciudad. Mi padre me preguntó si quería seguir estudiando o quedarme con una de las tiendas. Elegí lo primero. Después de dos años sin estudiar, retomé mis estudios de preparatoria, pero debía tomar el autobús Flecha Amarilla cada mañana rumbo a Querétaro y regresar por las tardes para trabajar en la tienda. En esa escuela tuve la fortuna de contar con maestros destacados y compañeros brillantes. Viví de cerca la historia queretana: la casa de la Corregidora, el Teatro de la República, el Cerro de las Campanas, la Plaza de Armas, entre otros lugares emblemáticos. También el teatro, con Los Cómicos de la Legua, de Hugo Gutiérrez, Paco Rabell, Roberto Servín, entre otros.

En esos años se abrió la primera tortillería automática en la plaza del centro de San Juan del Río. Pasado algún tiempo, el dueño —un español muy amigable— le dijo a mi padre: «Le vendo la tortillería». Mi padre respondió que no tenía dinero, ya que en ese momento sostenía un crédito hipotecario. Pero el español insistió: «Me la va pagando a crédito». Y así, se repitió la historia de La Abeja. La tortillería tenía filas enormes, pues era una auténtica novedad en el pueblo. Mi padre aún seguía trabajando en la fábrica de cerillos, con todo lo que ello implicaba, hasta que finalmente decidió dejarla y, años después, vender los negocios.

Durante la primaria fui un alumno promedio, nada excepcional, aunque siempre de buena conducta. Era muy deportista, pero también enfermizo, sobre todo con afecciones respiratorias: laringitis, faringitis, bronquitis. A pesar de todo, fue una niñez maravillosa, aunque marcada por la falta de recursos. Vivíamos al borde de la pobreza, con escasez de alimento y ropa, aunque no se me olvida que cuando había recursos, íbamos por la leche al establo que estaba a dos cuadras de nuestra casa. Los zapatos y la vestimenta estaban siempre gastados. Pero no guardo ninguna espina de esa época: la inteligencia y la nobleza de mis padres hicieron posible una infancia feliz. Fueron un ejemplo de disciplina y cariño. Mi padre, de noble corazón y gran cabeza —como en El brindis del bohemio—, era un hombre muy noble, pero también firme y estricto. En esa época despertó mi interés por las corridas de toros, ya que en mi escuela primaria Centro Unión, se realizaba la tradicional corrida de toros cada año, en la cual los toreros eran los niños de los últimos años del colegio. No se mataba al novillo, pero eran espléndidas y divertidas corridas.

En los primeros dos años de secundaria fui un estudiante de sietes y ochos. Sin embargo, algo cambió en el tercer año: pasé a sacar nueves y dieces, y terminé como el mejor de la generación. Creo que fue una cuestión de actitud, o quizás de inteligencia emocional, más que de capacidad intelectual.

Ya encarrerado, en la preparatoria fui de los alumnos con más alto promedio —tal vez el más alto—, a pesar de que viajaba todos los días a Querétaro y trabajaba por las tardes.

Precisamente a los alumnos destacados, uno de mis compañeros nos invitó a formar parte de un grupo conservador, teniendo como objetivos hacer el bien y cuidar a la juventud y a la población de prácticas malsanas. Acepto (errores de juventud entre amigos) y el día de mi bienvenida, entro a un cuarto oscuro en una casa del centro de la ciudad con la presencia de varios jóvenes que no se reconocían. Sin embargo, después hubo reuniones como campamentos en los que ya podía ver quiénes eran. Una acción que no se me olvida fue la de ir al centro de Querétaro a un puesto de revistas, tomar varias con pornografía, aventarlas en el suelo y mi compañero les echaba gasolina para prenderles fuego. ¡Estamos hablando de 1969!

Después que me fui a la Ciudad de México ya no volví a saber nada de ese grupo.

Y vino lo sorprendente: gracias a una vida de austeridad, ahorro, ausencia de empleados, trabajo intenso los siete días de la semana y, sobre todo, a la gran inteligencia de mi padre, las tiendas y la tortillería de la plaza tuvieron un efecto multiplicador extraordinario. Al final de ese camino, hace más de sesenta años, logramos reunir lo equivalente a veinte casas de provincia. Un ejemplo de éxito —modesto, sí, pero éxito al fin—. Lo que bien se siembra, bien se cosecha.

¡Y México es un país lleno de oportunidades!

Sin interés en el dinero ni ambición por la riqueza, mi verdadera ambición era el aprendizaje y el conocimiento.

Mis primeros años de vida coincidieron con el inicio de la carrera espacial, una fuente de inspiración para mis anhelos profesionales. Recuerdo haber observado las primeras formas de transmitir y recibir señales utilizando algún medio reflector en el espacio. Uno de los experimentos más notables fue el uso de la Luna como repetidor o retransmisor, aplicado en sistemas de radar y comunicaciones.

En 1956 se estableció comunicación entre Washington, D. C. y Hawái, mediante un enlace que permaneció activo hasta 1962, limitado únicamente por la disponibilidad de la Luna en los puntos donde se encontraban los sistemas de transmisión y recepción (las estaciones terrenas).

El primer satélite artificial que orbitó la Tierra fue el Sputnik I, lanzado por la Unión Soviética en 1957. Este pequeño dispositivo, de apenas ochenta y cuatro kilogramos, transmitió señales de telemetría durante veintiún días, hasta desintegrarse tras completar mil trescientas sesenta y siete vueltas alrededor del planeta, al inflamarse por la fricción con los gases de la atmósfera.

La puesta en órbita de ese satélite sorprendió al mundo entero, y a mí en lo personal. Por primera vez, un artefacto construido por el ser humano se sometía a las leyes gravitacionales de la mecánica celeste, fusionando las ciencias antiguas con los nuevos desarrollos de la tecnología espacial. A partir de ese momento, el uso del espacio exterior comenzó a verse con claridad como una fuente de aplicaciones prácticas.

A raíz de este acontecimiento, muchas personas comenzaron a imaginar los beneficios que podría traer la colocación de múltiples satélites en el espacio, con distintas dimensiones y aplicaciones. Desde entonces, ha sido necesario considerar los impactos sociales, económicos y políticos derivados de poner en órbita satélites alrededor de la Tierra. Temas como el método de lanzamiento, las órbitas que describen, su cobertura, el manejo de la información y sus diversas aplicaciones han sido objeto de amplias y profundas discusiones.

Después de 1957 comenzó la carrera por la conquista del espacio. En enero de 1958, los Estados Unidos colocaron en órbita su primer satélite, el Explorer I, que transmitió datos de telemetría durante cinco meses.

En diciembre del mismo año, la NASA (Administración Nacional de Aeronáutica y del Espacio) lanzó el satélite Score, que envió un mensaje navideño previamente grabado por el presidente Dwight D. Eisenhower. Fue el primer satélite artificial en transmitir voz y operó en una órbita baja, entre los 182 y los 1 048 kilómetros de altitud.

Debido a las limitaciones de capacidad en los vehículos de lanzamiento y a la reducida configurabilidad de los dispositivos electrónicos en el espacio, surgió la necesidad de experimentar con sistemas repetidores pasivos, con el objetivo de explorar sus posibilidades técnicas. Por ello, en 1960 la NASA colocó en una órbita de 1 500 km el repetidor ECHO, un globo de plástico recubierto con una capa metálica diseñado para reflejar señales emitidas desde la Tierra por transmisores de muy alta potencia. Sin embargo, esta tecnología presentaba desventajas, y el rápido desarrollo de la electrónica llevó a enfocar la atención en los satélites activos. Ese mismo año se puso en órbita el satélite Courier, un proyecto del Departamento de Defensa de los Estados Unidos, capaz de recibir, almacenar y retransmitir información a la estación receptora.

El primer satélite con capacidad para recibir y transmitir simultáneamente fue el Telstar, de la compañía AT&T, diseñado y construido por los Laboratorios Bell. Tenía un peso de ochenta kilogramos y un diámetro de ochenta y siete centímetros. Esta esfera fue lanzada al espacio en julio de 1962 y se convirtió en el primer satélite utilizado para transmitir señales de televisión. Sin embargo, sufrió averías en su sistema electrónico debido a la radiación de los cinturones de Van Allen y solo pudo operar durante algunas semanas. Recuerdo haber visto esa noticia por televisión junto a mi padre, cuando cursaba sexto de primaria. Ese mismo año, la NASA puso en órbita el satélite Relay, desarrollado por RCA, que fue utilizado experimentalmente para transmitir voz, video y datos.

Durante esta etapa experimental, en 1963, la Fuerza Aérea de los Estados Unidos logró colocar en órbita, a una altitud de 3 500 km, un cinturón compuesto por pequeños dipolos que actuaban como reflectores pasivos. Fue posible transmitir voz en forma digital a través de este sistema, en lo que se conoció como el proyecto West Ford.

La idea del escritor inglés Arthur C. Clarke, propuesta en 1945, consistía en colocar un satélite a 36 000 kilómetros de la Tierra, sobre el plano del ecuador (geoestacionario, que gira en sincronía con la Tierra), para usarlo como repetidor de comunicaciones. Sin embargo, en aquel tiempo aún no era posible desarrollarla de manera práctica. Hasta entonces, los sistemas satelitales operaban en órbitas bajas y medias, cada una con sus ventajas y desventajas.

Por un lado, las órbitas no geoestacionarias ofrecían beneficios como menores costos de lanzamiento, satélites de dimensiones más reducidas y tiempos de propagación más cortos. No obstante, presentaban un gran inconveniente: las estaciones en Tierra debían rastrear continuamente al satélite y no podían mantener comunicación constante durante las veinticuatro horas, salvo que se realizara una conmutación entre varios satélites.

En cambio, el uso de la órbita geoestacionaria implicaba mayores costos de lanzamiento y tiempos de retardo más largos en la transmisión. A pesar de ello, ofrecía una ventaja clave: bastaban tres satélites para cubrir toda la esfera terrestre, y las estaciones terrenas no necesitaban rastrearlos de forma continua, salvo para realizar pequeñas correcciones en su órbita.

Fue en 1963 cuando la NASA colocó en órbita geoestacionaria el primer sistema de satélites de comunicaciones. Los Syncom II y III fueron utilizados para múltiples experimentos. En particular, el Syncom III transmitió señales de televisión durante los Juegos Olímpicos de Tokio en 1964. El Syncom I, en cambio, no logró operar debido a fallas durante la maniobra con el motor de apogeo, que debía impulsarlo a su órbita final.

Este tipo de fallas continuó presentándose en años posteriores. Por ejemplo, en la década de los ochenta, los satélites Westar VI, Palapa B2 y GStar sufrieron problemas con sus motores: de perigeo en los dos primeros casos y de apogeo en el tercero.

Tras el éxito de los Syncom, comenzó la era comercial de los satélites de comunicaciones. En julio de 1964 se creó el consorcio internacional Intelsat (International Satellites), con el propósito de diseñar, desarrollar, construir, establecer y operar el segmento espacial de un sistema comercial global de satélites de comunicaciones.

En un inicio, el consorcio Intelsat estuvo conformado por países de Europa Occidental, Estados Unidos, Australia, Canadá y Japón.

El 1 de abril de 1965 se puso en órbita el Intelsat I, también conocido como «Pájaro Madrugador», con capacidad para 240 circuitos telefónicos y un canal de televisión. A partir de entonces, las comunicaciones internacionales por satélite se desarrollaron de forma acelerada, dando lugar a las series Intelsat II, III, IV, IV—A, V, VI, VII, VIII y hasta XXX.

Así transcurrieron mi infancia y adolescencia, hasta llegar al gran acontecimiento de 1969: «Un pequeño paso para el hombre, un gran salto para la humanidad», dijo Neil Armstrong al pisar la Luna. Nunca olvidaré la emoción que sentí al ver ese momento histórico en la televisión.

Por todo ello, quería estudiar, aprender y nutrirme del conocimiento en una gran Institución, como la Universidad Nacional Autónoma de México (UNAM).

La Gran UNAM y las derivaciones

Terminé la preparatoria con la firme convicción de que debía seguir estudiando, a pesar de los dos años «perdidos» después de la secundaria. Me latía estudiar ingeniería, y mi primera opción era ingresar a la UNAM.

Tras aprobar el examen de admisión en mil novecientos setenta y uno, ingresé a la Facultad de Ingeniería. Sin tener familiares cerca de Ciudad Universitaria, viajé a la Ciudad de México en busca de opciones de vivienda. Por fortuna, mientras compartía mesa en una fonda de Coyoacán con dos señoras —hermanas y adultas mayores—, surgió el tema durante la conversación. Una de ellas, muy amable y educada, se ofreció a rentarme una habitación en su casa, que era muy amplia y le quedaba grande para vivir sola.

El primer semestre me resultó pesado, a pesar de las altas calificaciones que había obtenido en la preparatoria. Tuve profesores de gran prestigio, como Gustavo Pozos Labardini, Francisco de Pablo Galán y Jorge Ceceña Sida, entre otros. Pienso que la dificultad no fue tanto académica como vital: pasé de vivir en una ciudad pequeña a enfrentar la inmensidad de la gran urbe, sin los apoyos de la casa familiar, sin transporte propio y, sobre todo, sin una alimentación adecuada.

Avancé en los semestres, aunque aún sin encontrarle mucho sentido a las asignaturas. Llegué a pensar que me había equivocado de carrera.

Mientras aún cursaba varias materias, inicié mi servicio social en la División de Ciencias Básicas, bajo la guía del ingeniero Agustín Valera Negrete, un excelente profesional y, sobre todo, una gran persona. Fue ahí donde comenzó mi interés por la docencia y la investigación. En ese espacio coincidí con quienes hoy son mis compadres: Marco Antonio Barrios Vargas y Fernando Gutiérrez Salinas.

Cuando empecé a tomar asignaturas relacionadas con comunicaciones, descubrí mi gran pasión por las telecomunicaciones y los satélites. Ha sido una de las mejores cosas que me han pasado en la vida. En mil novecientos setenta y cuatro me inicié como ayudante de profesor en esa área. Mi entusiasmo era tal que adelanté una materia que debía cursar uno o dos semestres después. Por esa razón, mis propios compañeros de generación terminaron siendo mis alumnos, ya que el profesor titular, Adán Tapia Durán, tuvo que retirarse y me pidieron que impartiera la materia.

Uno de mis alumnos fue mi hermano Arturo. Nadie podía criticarme por ponerle un diez, porque se lo ganaba con justicia: sacaba puros dieces. De hecho, fue el promedio más alto de su generación.

Hablamos de los tiempos de los rectores Pablo González Casanova y Guillermo Soberón Acevedo, y de los directores Juan Casillas García de León y Enrique del Valle Calderón.

Fueron años llenos de vivencias: cultura, música, deportes y política. El Centro Cultural Universitario, la Sala Nezahualcóyotl, el Estadio Olímpico... y cómo olvidar aquel día en la Facultad de Medicina, cuando estuve presente en la inauguración de cursos presidida por Luis Echeverría Álvarez, en mil novecientos setenta y cinco. Su mensaje fue interrumpido por inconformes, y él, molesto, los acusó de fascistas. Al retirarse, fue alcanzado en la frente por un pedazo de tepalcate. Aquellos hechos despertaron en mí una profunda curiosidad por el teje y maneje político.

En los últimos semestres comencé a trabajar en la Secretaría de Comunicaciones y Transportes, en la entonces Subsecretaría de Radiodifusión, ubicada en la Torre Central de Telecomunicaciones. Mis funciones incluían operar equipos de televisión y una unidad móvil. El subsecretario era Miguel Álvarez Acosta y el secretario, Eugenio Méndez Docurro. Fueron experiencias innumerables: acudíamos a cubrir eventos como el informe presidencial en las calles de Donceles, programas culturales con Daniel Cosío Villegas, Jugando con los niños de Lolita Ayala, o presentaciones musicales con el trío Los Panchos, entre muchos otros. Era una función operativa muy interesante, aunque con pocas actividades relacionadas directamente con la ingeniería.

Derivación a TELMEX y estancia en Filadelfia

Terminé mi plan de estudios en mil novecientos setenta y cinco, mientras continuaba como ayudante de profesor en las materias de Teoría Electromagnética y Comunicaciones Digitales. Ese mismo año me inicié como ingeniero de proyectos en Teléfonos de México, ahora sí, con una orientación más definida hacia la ingeniería. En aquella época se practicaba una ingeniería profunda, original y rigurosa, con la precisión que ofrecen las leyes de la física y las teorías matemáticas: Kepler, Newton, Maxwell, Fourier, Shannon. Tuve la fortuna de participar, en mis primeros años como ingeniero, en un gran proyecto: la modernización de la red de larga distancia de la Zona Metropolitana. Colaboré tanto en la gerencia de ingeniería como en el dimensionamiento de las centrales telefónicas —las más avanzadas de su tiempo—, que operaban con sistemas AKE, ARF, AGF y AXE, así como en el diseño de redes de microondas. Ahí realizábamos cálculos complejos, basados en herramientas como la teoría de Erlang y modelos de radiación y propagación. Pertenecía a una dirección de excelencia técnica, encabezada por José Trinidad Gómez Cruz, Antonio Elguezabal Buchanan, Luis Nájera Valdez, Arturo de León, Silvestre Pérez Ortiz, entre otros: un grupo de ingenieros que marcaron época en TELMEX.

En mil novecientos setenta y siete obtuve el título de ingeniero con la tesis Diseño de un enlace de microondas para transmisión telefónica entre la Facultad de Ingeniería de la UNAM y la ESIME del IPN, que elaboré con mi amigo Jesús Reyes García, dirigida por el ingeniero Francisco Hernández Rangel. Ese trabajo fue fundamental para los proyectos que desarrollé posteriormente en Teléfonos de México. A partir de entonces, mi estatus en la UNAM pasó de ayudante a profesor de asignatura.

No conforme con mi formación, en mil novecientos setenta y ocho TELMEX me otorgó un permiso para realizar estudios de maestría en la Universidad de Pennsylvania (Penn), que está dentro de las 10 mejores universidades de Estados Unidos, cuyo lema es «La Ley sin moral es vana». Fui aceptado para ingresar a mitad del ciclo escolar, lo que implicaba una dificultad extra: varias materias estaban seriadas y yo no contaba con los antecedentes completos. Aun así, la experiencia acumulada como ayudante y profesor en la Facultad de Ingeniería me permitió enfrentar los retos, por más complejas que fueran las asignaturas.

Vivir en Filadelfia fue una gran experiencia: estudio intenso, deporte, cultura. Algunos de mis profesores se sorprendían por mis respuestas en los exámenes, no creo que, por mi coeficiente intelectual, sino por la actitud, la dedicación y la tenacidad con las que enfrentaba los retos. Mis mejores amigos eran chinos e indios; al final de mis estudios me organizaron una cena de despedida, y uno de los compañeros de la India incluso me invitó a su boda en Calcuta. Era la época del gobierno de Jimmy Carter: los tratados del Canal de Panamá, los acuerdos de paz de Camp David, el establecimiento de relaciones diplomáticas con la República Popular China y la tensa crisis de los rehenes en Irán.

Terminé la maestría con la tesis Atmospheric effects on propagation at millimeter wavelengths. Me enteré de que algunos directivos de TELMEX estarían en Filadelfia para entrevistar a egresados de la universidad, especialmente de la escuela de negocios Wharton. No sabían que yo estaba por concluir la maestría en Ciencias de la Ingeniería, en el área de comunicaciones. Al enterarse, me sugirieron continuar con un MBA en Wharton, pero había mucha incertidumbre sobre en qué condiciones podría hacerlo. La beca—crédito del CONACYT cubría únicamente la maestría, y al finalizarla debía pagarla, salvo que regresara a una institución académica. Penn era extremadamente cara y yo no tenía recursos para pagar la colegiatura. Los directivos me ofrecieron un salario modesto, insuficiente para mantenerme en la universidad.

Aun así, me matriculé en Wharton sin dificultad, pero tuve que darme de baja debido a las incertidumbres imperantes.

Decidí regresar a la UNAM por varias razones: durante la maestría seguían pagándome mis horas como profesor; además, me interesaba profundamente la vida académica y, al reintegrarme, quedaba exento del pago de la beca—crédito.

A mi regreso, en 1980, el ingeniero Javier Jiménez Espriú ya era director de la Facultad de Ingeniería, y fui designado miembro del Consejo Técnico, donde era el más joven del grupo (ver tema 8). Aprendí mucho del destacado equipo de Javier y de mis distinguidos colegas. Coordiné el área de telecomunicaciones y fue ahí donde conocí a Rodolfo Neri. Impartimos juntos cursos de educación continua, y entablamos una gran amistad. Cuando me invitaron a participar en el proyecto de los satélites Morelos (del que hablaré más adelante), lo invité a sumarse conmigo a la Secretaría de Comunicaciones y Transportes. Estuvo un tiempo, pero decidió regresar a la UNAM. Entonces le informé que había una convocatoria para seleccionar al primer astronauta mexicano. Nos hablábamos seguido y salíamos a comer. Una vez, algo preocupado, me preguntó cómo veía el proceso de selección. Le respondí que no se preocupara, que él ya parecía astronauta. Se cumplió, como dicen, aquel dicho: «Para ser torero, hay que parecerlo».

Después del proyecto Morelos, fui invitado nuevamente a trabajar en Teléfonos de México. Con la llegada de la digitalización en los años noventa, la ingeniería me premió otra vez al permitirme participar en la gran transformación tecnológica de TELMEX: el despliegue de la Red Digital Superpuesta, un hito en la modernización de la empresa. Eran los tiempos de Carlos Casasús, Alfredo Pérez de Mendoza, José A. Elguezabal Buchanan, Carlos Kahuachi, José Antonio Ramírez y Rafael Mendoza, entre otros destacados profesionales. Me correspondió iniciar la red satelital de TELMEX (la más grande de la época), diseñada para cursar tráfico telefónico, transmitir datos a bajas y altas velocidades, y llevar video a zonas turísticas, parques industriales y empresas públicas y privadas que no contaban con conectividad a los sistemas convencionales de comunicación. Era 1990. El titular era Alfredo Baranda y comenzaba el proceso de privatización, que culminaría ese mismo año con Juan Antonio Pérez Simón asumiendo la Dirección General.

Derivación como consultor en TELSAT y en la PGR

Me retiré de TELMEX e inicié una empresa de consultoría: TELSAT, S. A. de C. V., en sociedad con Enrique Luengas y otros destacados ingenieros. Continué como profesor de asignatura y trabajé como consultor en grandes redes de telecomunicaciones para Pemex, Comisión Federal de Electricidad, Grupo CIFRA, Banamex y Comercial Mexicana, entre otras. Recuerdo que en esta última planeaban instalar una red satelital en banda C, conforme a un contrato ya firmado con el proveedor del equipo. Les advertí que podrían tener problemas de interferencia con las redes terrestres. El proveedor no me creyó, hasta que se realizaron pruebas que confirmaron mis sospechas. El contrato tuvo que modificarse y la red se instaló finalmente en banda Ku, lo que resultó más eficiente y con enormes ahorros económicos para Comercial Mexicana. A lo largo de los años, participé en más de veinte proyectos de gran trascendencia para el país, algunos de ellos con impacto a nivel internacional.

En 1994 tuve una gran oportunidad: coordinar y desarrollar sistemas de información, telecomunicaciones y tecnologías avanzadas en el Instituto Nacional para el Combate a las Drogas, dentro de la Procuraduría General de la República. En ese entonces, el procurador era el doctor Diego Valadés, con quien años después volvería a coincidir al representar a la UNAM en la elaboración de los exámenes para aspirantes a comisionados del Instituto Federal de las Telecomunicaciones. Ese fue también el año del magnicidio de Luis Donaldo Colosio Murrieta. Tras ese evento, se produjeron cambios en la PGR: llegó Humberto Benítez Treviño, quien estuvo apenas unos meses, y fue sustituido por Antonio Lozano Gracia. Ante este panorama decidí renunciar e inscribirme en un diplomado en finanzas en la Facultad de Contaduría y Administración de la UNAM, formación que más adelante resultaría muy útil para mis proyectos.

Al finalizar el diplomado, recibí una llamada del director de la facultad, José Manuel Covarrubias Solís. Me dijo que varios profesores me estaban proponiendo para ocupar la jefatura de la División de Ingeniería Eléctrica, Electrónica y en Computación. No lo dudé. Esa división tenía a su cargo la coordinación de las carreras de Ingeniería Eléctrica—Electrónica, Ingeniería en Computación e Ingeniería en Telecomunicaciones. En esta última había participado activamente en el diseño de los planes de estudio y, ya como jefe de división, me tocó presidir la graduación de la primera generación, apadrinada por Carlos Slim Helú, quien les dirigió un mensaje sobre el éxito; los valores, lo que más vale en la vida, el trabajo bien hecho, la responsabilidad social, las necesidades emocionales. Lo único que dejamos es nuestra obra, familia y amigos.

Después de la ceremonia, el ingeniero Slim nos invitó a una comida en una de sus instalaciones.

Con el paso de los años, y en el marco de mis responsabilidades gremiales, volví a tener acercamientos con Carlos, como describo en otra parte de este libro. Gracias a nuestro amigo en común, Luis Ramos Lignan, nos recibía en sus oficinas de Palmas, donde solíamos tener largas conversaciones sobre ciencia, ingeniería y tecnología. En su ego centro —como él lo llamaba— nos mostraba fotografías, diplomas y reconocimientos. Siempre le estaré agradecido por su apoyo a la UMAI y a la UPADI, a las que me referiré más adelante. También me invitó a varias reuniones del Círculo de Montevideo en la Ciudad de México. En la más reciente, estuvieron presentes grandes personalidades como Julio María Sanguinetti, Enrique Iglesias, Ricardo Lagos y Felipe González, entre otros. A este último lo saludé y le comenté sobre mis estancias en Madrid.

Durante los años noventa también colaboré con el periódico Excélsior, donde publicaba, cada dos o tres semanas, artículos sobre telecomunicaciones y satélites. Sin extenderme demasiado, quiero compartir uno de esos textos, publicado en 1995, en el que imaginaba cómo sería el año 2010. Escribí lo siguiente:

Ya han pasado quince años desde que inició la competencia en el servicio telefónico, particularmente en el de larga distancia. Casi todos resultaron beneficiados con la apertura del sector de telecomunicaciones en 1995. Uno de los competidores supo aprovechar el crecimiento de la demanda y la ventaja de sus activos, y hoy factura más de lo que se proyectaba incluso en un escenario de monopolio. Las tres organizaciones que actualmente compiten surgieron de alianzas estratégicas y de compraventa entre varias de las empresas que participaron en la licitación e iniciaron operaciones en aquellos años. Dichas alianzas se definieron a partir de las opciones tecnológicas que predominaban en la década de los noventa.

Se fusionaron empresas de satélites geoestacionarios con compañías de órbitas bajas; también se integraron compañías de televisión por cable y las tradicionales firmas telefónicas, para conformar nuevas empresas de servicios integrados. Estas compañías en competencia resultaron ampliamente beneficiadas, ya que en muy poco tiempo lograron recuperar sus inversiones.

Hoy se ofrecen a los usuarios servicios locales con promociones sumamente atractivas.

Por ejemplo, a los hogares residenciales se les instalan líneas de voz, datos y video a precios muy accesibles, todo en el transcurso de una semana. Y a quienes solicitan una línea vía satélite —particularmente por medio de constelaciones en órbita baja—, se les atiende en incluso menos tiempo.

Los usuarios comerciales reciben servicios digitales de baja velocidad hacia cualquier ciudad del país. Las redes privadas han ido reduciéndose: ya no es necesario instalar infraestructuras propias de microondas en zonas urbanas, ni recurrir a enlaces satelitales en regiones apartadas. Hoy solo subsisten aquellas redes que necesitan transmitir y recibir datos a bajas velocidades en múltiples sucursales, o bien aquellas que, por razones de ubicación o seguridad, no pueden integrarse a las redes públicas en operación.

Para los proveedores de equipo, el panorama se ha ampliado notablemente. El espectro de posibilidades en la comercialización de sistemas de conmutación y transmisión ha crecido, y el número de fabricantes con contratos activos supera por mucho al que existía en mil novecientos noventa y cinco.

En el año actual ya suman seis mil los expertos en telecomunicaciones contratados por estas nuevas empresas. Esto ha impulsado la necesidad de despertar el interés por esta especialidad entre los jóvenes que buscan una carrera profesional.

En el servicio local, fueron visionarios quienes decidieron invertir en este negocio. Aunque en el pasado resultaba menos rentable que la larga distancia, supieron prever que esta situación cambiaría con el avance tecnológico. Y así fue: al alcanzar ingresos similares a los de la larga distancia nacional e internacional, el servicio local se transformó en una empresa rentable y en una fuente importante de tráfico hacia otros servicios.

Veinticinco años después del lanzamiento del primer satélite mexicano, los usuarios de redes empresariales aún recuerdan el asombro al comprobar que la confiabilidad de la información alcanzaba niveles del 99,98 %, frente a los 80 o 90 % que ofrecía la antigua infraestructura analógica. Hoy, solo vemos redes de alta calidad, gran confiabilidad y disponibilidad, con una gama cada vez más amplia de servicios y coberturas.

Desde entonces, las telecomunicaciones rurales han representado uno de los mayores retos: integrar las zonas más aisladas del país. La dispersión geográfica, el número de comunidades y el costo de la tecnología eran barreras evidentes. Sin embargo, actualmente ya se han conectado diez mil comunidades rurales de las treinta y cinco mil que cuentan con una población entre cien y quinientos habitantes. Para finales de los años noventa, todas las poblaciones con más de quinientos habitantes estaban ya comunicadas mediante pequeñas terminales satelitales, lo que permitió atraer mayores inversiones al sector.

En paralelo al establecimiento de telecomunicaciones en estas comunidades, también se transformó la distribución de los asentamientos humanos. En mil novecientos noventa y cinco existían más de sesenta mil poblaciones con menos de cien habitantes, número que ha ido disminuyendo con el tiempo, al tiempo que se incrementan las localidades en el rango de entre cien y quinientos habitantes.

Los beneficios alcanzados son el fruto de aquella decisión tomada en mil novecientos noventa y cinco. Todos salieron ganando: empresarios, usuarios, fabricantes y tecnólogos. Así es como se construye una nación, una en la que la mayoría de sus habitantes cuentan con un medio tan esencial para su bienestar y su desarrollo.

Eso fue lo que imaginé en mil novecientos noventa y cinco, que sería en el año dos mil diez.

No todo fue de alegrías en esos años, en mil novecientos noventa y ocho viniendo de regreso a casa con mi esposa y mi hija de tres años de una cena con amigos, nos intercepta en avenida San Jerónimo un vehículo, del que se bajan dos individuos apuntando con sus armas al parabrisas. Nos dicen que nos van a llevar a mi esposa y a mí (no habían visto a mi hija que venía dormida en el asiento trasero). Mi esposa les dice: A mi hija no; y yo les digo: Mi esposa está embarazada. Así que me secuestran (eran los famosos secuestros exprés de la Ciudad de México), y dejan a mi esposa e hija en la avenida mencionada. Me pasan a la cajuela de mi coche y me piden la cartera con mis tarjetas de crédito, de las que me solicitan mis contraseñas. Recorrieron varios cajeros para hacer retiros, aprovechando el cambio de día de las doce de la noche. Me dijeron que lo que querían era dinero; les dije que fuéramos a la casa para entregarles un poco de efectivo que tenía. Pero les dio temor, porque me dijeron que ahí los detendrían. Me insistieron en más dinero y les dije que se llevaran el coche. Finalmente, me pasaron a los asientos traseros y me liberaron cerca de casa con la amabilidad de que me dieron efectivo para un taxi. Durante todo el incidente, que duró unas tres horas, noté que eran dos vehículos y que los individuos tenían aspecto de policías o soldados, con el pelo corto y muy bien organizados. Fue una experiencia desagradable, sí, y sin hacerme el valiente, siempre estuve tranquilo en lo personal, pero mi gran inquietud eran mi esposa y mi hija.

Al llegar a casa, solo vi que todo estuviera bien con mi esposa y mi hija, y me dirigí a la delegación a levantar el acta correspondiente. También le mandé un escrito al entonces jefe de Gobierno de la Ciudad de México, Cuauhtémoc Cárdenas, quien me respondió expresando su preocupación por esos actos delincuenciales y comprometiéndose a reforzar la seguridad en la ciudad. Por fortuna la mala experiencia no pasó a mayores y la valentía de mi esposa es digna de destacarse.

Mi paso por la Comisión Federal de Telecomunicaciones (CFT) creada en mil novecientos noventa y seis y, años más tarde, reemplazada por el Instituto Federal de Telecomunicaciones (IFT) en dos mil trece

En ambos organismos tuve el honor de formar parte del Consejo Consultivo, en dos mil seis y dos mil veintiuno, respectivamente. En este último, se pueden resumir mis aportaciones de la siguiente manera:

La labor del Consejo Consultivo ha sido muy productiva y beneficiosa para el sector, ya que se ha tenido una productividad con resultados y contribuciones importantes. Siempre con oportunidades de mejora. Por ejemplo, establecer las prioridades del Instituto o los problemas concretos en los que se deba concentrar el Consejo. Durante mi participación (pandemia y pospandemia), todas las sesiones fueron virtuales, y considero que algunas debieron de ser presenciales. En los cambios de Consejo Consultivo, se requiere dar un estricto seguimiento a las aportaciones y prioridades.

Una de mis contribuciones (junto con Eurídice Palma) fue el plantear dos recomendaciones en materia satelital.

La primera sobre la protección de las bandas de frecuencias para servicios satelitales ante el incremento de demanda de espectro para otros servicios IMT y 5G con el propósito de promover una postura nacional que permita dar certidumbre a la inversión en satélites de telecomunicaciones y promover el crecimiento de las capacidades nacionales.

La segunda, en relación con la reciprocidad de servicios de telecomunicaciones satelitales nacionales y extranjeros con el objetivo de proponer indicadores que permitan medir la porción del mercado captado por cada uno de los operadores de satélites nacionales y extranjeros, tanto para servicio fijo y móvil a fin de evaluar si la competencia se da en un piso parejo.

Para ello se organizó en dos mil veintiuno un seminario con la participación de miembros del sector satelital, se identificó la problemática y se concluyeron principalmente las siguientes:

Recomendaciones

1. Es necesario sistematizar la información a fin de tenerla integrada en una base de datos que permita una fácil consulta para la toma de decisiones. Esta información permitirá contar con elementos para los siguientes análisis:

   a. Comparativo internacional sobre cargas regulatorias para la industria satelital (capacidad satelital reservada al Estado o cobertura social, licencias o permisos).

   b. Análisis sobre la banda C y otras para IMT/5G.

c. Impacto y experiencia de la industria satelital con respecto a las decisiones de la FCC en torno a la banda C (visión sobre los procesos de consulta, análisis y toma de decisiones).

d. Ingresos que generan los satélites extranjeros en México.

e. Los satélites, transpondedores y ancho de banda autorizados para aterrizar señales de satélites extranjeros en banda C, Ku y Ka.

f. La vida útil de los satélites nacionales o extranjeros que operan en las bandas C, Ku y Ka, con autorización o concesión en México.

g. Definir cuáles son los retos regulatorios.

h. Posiciones orbitales actuales y futuras en México.

i. Estrategias para encontrar las necesidades del nuevo ambiente digital: por ejemplo, para ofrecer servicios 5G.

j. ¿Cómo complementar las redes terrestres para el suministro de nuevos servicios (IoT, 5G, M2M, etcétera)?

k. Visión en relación con el nuevo ambiente digital (5G, IoT, M2M, etcétera) considerando ventajas/desventajas de GEO's.

De los incisos a) al f), actualmente se requeriría revisar expediente por expediente para contar con dicha información. La revisión de los expedientes tendría que involucrar a las áreas encargadas de otorgar las autorizaciones y las concesiones, así como a la encargada del registro de los títulos habilitantes.

Igualmente, con respecto a los mapas, se encuentran en los anexos técnicos los mapas con las huellas de los expedientes registrados ante la Unión Internacional de Telecomunicaciones (UIT), al amparo de los cuales operan los satélites de los operadores. Dichos mapas son extraídos de la herramienta de la UIT Graphical Interference Management System (GIMS), los títulos de concesión y autorizaciones y sus modificaciones expedidas por este instituto y consultables en el Registro Público de Concesiones (RPC). Se cuenta con información parcial.

2. Regular el uso de la banda C para uso terrestre, por las consecuencias técnicas y económicas en la convivencia con el SFS, dañando las inversiones privadas e inversiones del Gobierno de México (quebranto al patrimonio nacional) y los servicios en operación, en el caso del Bicentenario con usos de seguridad nacional y cobertura social. Tomar en cuenta la responsabilidad del instituto en el patrimonio nacional y porque las afectaciones al sistema Mexsat pueden comprometer vidas humanas.

3. En la banda de 28 GHz es claro que para la industria satelital no hay certidumbre mientras los proponentes de 5G continúan impulsando resoluciones regionales con la intención de eludir las decisiones de la UIT y promover con las administraciones de Latinoamérica su uso para IMT/5G cuando no se requiere más espectro en IMT y sí en servicios satelitales.

4. Se requiere una visión de futuro y de largo plazo, considerando el estado del arte y las nuevas tecnologías. En veinte años, qué requerimos y cómo se modificará la situación actual.

5. Recursos orbitales concesionados y utilizados por el Gobierno mexicano. Tener cuidado de no perder posiciones orbitales y gestionar nuevas posiciones.

6. Revisar la capacidad reservada al Estado y decidir lo más conveniente para el país.

Con la experiencia adquirida en el programa de los satélites Morelos y el deseo de proyectarla hacia las nuevas tecnologías del futuro, en mil novecientos noventa y nueve obtuve el grado de doctor con la tesis Propuesta de un satélite mexicano de nueva generación que utilice las bandas C, Ku y Ka, y tecnologías inteligentes—regenerativas. Este logro fue posible gracias a un programa institucional que promovía el posgrado entre los profesores. Mi comité tutoral estuvo integrado, principalmente, por los doctores Rodolfo Neri Vela, Valery Vountesmery, Olexandr Martynyuk y Gianfranco Bisiacchi. Con este último compartí no solo el trabajo, sino también una entrañable amistad basada en nuestro mutuo interés por el espacio. La última vez que hablamos fue cuando planeábamos asistir a una reunión en Moscú como parte de un proyecto conjunto entre la UNAM y Rusia para construir un satélite experimental de predicción de terremotos. Gianfranco me comentó que antes pasaría por su tierra Trieste, Italia, y que luego me alcanzaría. Ya en Moscú, me avisaron que había fallecido en Trieste. Padecía una enfermedad rara, poco común en el mundo.

La División de Ingeniería Eléctrica, Electrónica y en Computación fue uno de los grandes legados del ingeniero Javier Barros Sierra. Siendo rector de la UNAM, emprendió importantes reformas y en mil novecientos sesenta y siete creó el Departamento de Ingeniería Mecánica y Eléctrica, bajo la dirección de mi entrañable amigo Jacinto Viqueira Landa. A partir de ahí se formaron distintas secciones: la de mecánica, a cargo de Alberto Camacho Sánchez; la de eléctrica, dirigida por Javier Jiménez Espriú; la de control, comunicaciones y electrónica, bajo la guía de Víctor Geréz Greiser; la de industrial, liderada por Manuel Viejo Zubicaray; y la de fluidos y térmica, con Pablo Ortiz Macedo. Desde mil novecientos setenta y dos, ya como alumno y ayudante de profesor, fui testigo y partícipe de la evolución de estas estructuras académicas: de las secciones a los departamentos, y de los departamentos a las divisiones; desde la antigua carrera de Ingeniero Mecánico Electricista hasta las actuales de Ingeniería Mecánica, Computación, Eléctrica—Electrónica, Industrial, Telecomunicaciones, Mecatrónica, Biomédica y Aeroespacial.

Para esta última, cuando se diseñaba el plan de estudios, envié un documento al secretario general de la facultad, Gonzalo López de Haro, con el siguiente mensaje:

Estimado señor Secretario:

En seguimiento a la reunión del pasado viernes trece de abril de dos mil dieciocho, en la que abordamos la propuesta de la carrera de Ingeniería Aeroespacial, me permito hacerle llegar la información que presenté sobre el estado actual de la industria aeroespacial en México. El documento detalla su presencia en las distintas regiones del país, incluyendo las empresas involucradas, así como sus capacidades, productos y procesos.

A continuación, resumo los puntos que me permití exponer durante la reunión:

1. La industria mexicana está enfocada a la parte aeronáutica (aun cuando la llaman aeroespacial).

2. En dicha industria, no se observan actividades del tema espacial, lo que limita las posibilidades de empleo de los posibles egresados.

3. No es posible que para el enfoque de la carrera hacia el área espacial, se tome en cuenta la prospección de la industria aeronáutica (aeroespacial).

4. Convendría analizar y evaluar qué áreas se requieren atender en México, tanto en la parte aeronáutica como en la espacial, así como la oferta y la demanda.

5. En varias universidades en el mundo, la carrera aeroespacial incluye el tema aeronáutico y el espacial.

6. Es muy importante revisar la pertinencia de la estructura y del enfoque propuesto, especialmente por el mercado de trabajo imperante.

7. Se propone incluir en el grupo revisor a expertos de la industria aeroespacial.

Por lo anterior, se sugiere elaborar el perfil de egreso, considerando estas observaciones.

Es así como al final se le dio un enfoque aeronáutico y espacial.

En mil novecientos noventa y tres se concretó la separación de las áreas correspondientes a la carrera de Ingeniero Mecánico Electricista, dando origen a las carreras de Ingeniero Eléctrico—Electrónico, Ingeniero Mecánico e Ingeniero Industrial. Esta decisión se tomó con base en las recomendaciones de la comisión designada para tal propósito, integrada por Jacinto Viqueira Landa, Gonzalo Guerrero Zepeda, Orlando Saldívar Zamorategui y Carlos Sánchez Mejía.

En mil novecientos noventa y nueve, el nuevo director, Gerardo Ferrando Bravo, me ratificó en el cargo y, en dos mil uno, me designó jefe de la División de Estudios de Posgrado. Fueron años de intensa actividad. Se modificó el nombre de la División de Ingeniería Eléctrica, Electrónica y en Computación por el de División de Ingeniería Eléctrica. Con la reforma del posgrado en la UNAM —bajo el principio de responsabilidad compartida entre diversas entidades—, también cambió la denominación de División de Estudios de Posgrado por la de Secretaría de Posgrado e Investigación. Los departamentos académicos de las diferentes especialidades se integraron, reuniendo a los profesores de licenciatura y posgrado. No fue una tarea sencilla, pero al final todos los profesores estuvieron de acuerdo en sumar esfuerzos para fortalecer ambos niveles de formación.

Continué con mis actividades académicas y, para ese entonces, ya había impartido diez asignaturas distintas tanto en licenciatura como en posgrado.

En Educación Continua tuve el honor de fundar e impartir, durante muchos años, cursos dirigidos a profesionales de la ingeniería. Algunos de ellos fueron Telecomunicaciones vía microondas, Telecomunicaciones analógicas y digitales, Telecomunicaciones vía satélite y Telecomunicaciones vía fibras ópticas —áreas que conformaron el Diplomado Internacional en Telecomunicaciones, impartido durante varios años a cientos de ingenieros de empresas e industrias de México y América Latina. Todo ello tuvo lugar en la División de Educación Continua del Palacio de Minería, cuna de la formación en la ingeniería mexicana, recinto que albergó al Real Seminario y al Colegio de Minería.

Tras el establecimiento del Seminario de Minería en mil setecientos noventa y dos, aportaciones fundamentales de pensadores como Descartes, Newton, Euler, Leibniz y Gauss abrieron nuevos horizontes en el empleo de técnicas sustentadas en el conocimiento científico. En el primer año se impartían matemáticas puras —aritmética, álgebra, geometría elemental, trigonometría plana y secciones cónicas— y se instituyeron las primeras carreras de ingeniería: Agrimensor, Ensayador, Apartador de Oro y Plata, Beneficiador de Metales, Ingeniero de Minas, Geógrafo y Naturista. Años más tarde, este legado se transformaría en la Escuela Nacional de Ingenieros, donde se impartían las carreras de Ingeniería Civil, Ingeniería de Minas, Ingeniería Mecánica, Ingeniería Topográfica, Ingeniería Hidrógrafa y Agrimensura.

Regresando a la División de Ingeniería Eléctrica, durante mi gestión se logró una mejora sustantiva en la planta académica, especialmente en el número de profesores de tiempo completo con estudios de posgrado. Invité a destacados doctores como Víctor García Garduño, Miguel Moctezuma Flores, Jesús Savage Carmona, Leonid Fridman, Oleksandr Martynyuk, Víctor Rangel y Javier Gómez Castellanos, entre otros. Se incorporó también el grupo de Ingeniería Nuclear del Instituto de Investigaciones Eléctricas, encabezado por los doctores Juan Luis Francois Lacouture y Cecilia Martín del Campo. Gracias a este esfuerzo, pasamos de un 20 % a un 70 % de profesores con formación de posgrado. Se impulsó decididamente la investigación y, en particular, el apoyo a los jóvenes estudiantes. La mejora en la infraestructura de laboratorios fue notable, y se fortaleció la vinculación institucional mediante convenios y donaciones, convirtiendo a la División en la que más proyectos de colaboración generó. Un evento notable que marcó un hito fue la realización de la International Conference on Telecommunications en el año dos mil, con la participación de lo más destacado de expertos nacionales e internacionales. En ese mismo año, participé en el estudio integral del impacto de la aplicación del horario de verano en la sociedad, elaborado por la UNAM y coordinado por mi inolvidable amigo Pablo Mulás del Pozo, con una participación de setenta instituciones. Se organizaron dieciocho grupos en las áreas de agricultura, comercio, educación, energía, familia, finanzas, ganadería, individuo, industria, medio ambiente, medios de comunicación, salud, seguridad pública, telecomunicaciones, tiempo libre, transporte, turismo y zonas fronterizas, participando ciento veintiún profesores/investigadores. Tuve la fortuna de coordinar el grupo de telecomunicaciones, llegando a las siguientes conclusiones:

Los resultados del estudio sugieren que el impacto del cambio del horario de verano en México es casi nulo en las telecomunicaciones. En particular, el impacto en la operación de las empresas proveedoras de servicios de telecomunicaciones se limita a los cambios de los relojes que controlan la operación de los sistemas. Estos cambios se hacen en general de manera automática, por lo que no impactan significativamente en los costos de operación de las empresas ni producen fallas o interrupciones en el servicio. En relación con los patrones de uso de los sistemas de comunicaciones, no se observaron cambios significativos en ninguno de los sistemas considerados. Se recomienda realizar estudios cada año a efecto de llevar estadísticas que nos permitan comparar los resultados entre los diferentes años. También se recomienda que se realicen estudios con escenarios mayores a los considerados en el estudio, ya que solamente se tomó el comportamiento de la demanda unos días antes y unos días después de la implantación del horario, por lo que esto se podría ampliar al analizar el mismo comportamiento con más muestras. De igual forma se sugiere realizar este estudio con más empresas y por tipo de tráfico (voz, datos y vídeo) ya que en el presente estudio se consideró el tráfico total.

En la División de Estudios de Posgrado, luego Secretaría de Posgrado e Investigación, se reforzó el vínculo con la licenciatura, promoviendo que un mayor número de alumnos continuara con sus estudios de posgrado. Contábamos con profesores de gran prestigio como Marco Murray Laso, Víctor Rodríguez Padilla, Néstor Martínez Romero, Abraham Díaz Rodríguez, Neftalí Rodríguez Cuevas, Pedro Martínez Pereda, Sergio Fuentes Maya, José Jesús Acosta Flores y Fernando Samaniego Verduzco, entre muchos otros de igual altura.

En el ámbito de la investigación, el impulso fue decisivo. Con la incorporación de más profesores de alto nivel, en dos mil veinticinco la División de Ingeniería Eléctrica se consolidó como la de mayor productividad investigadora de toda la Facultad de Ingeniería. Otro logro significativo fue el Doctorado Conjunto con la Universidad Politécnica de Madrid, establecido gracias a los convenios firmados por Saturnino de la Plaza, Juan Ramón de la Fuente, Enrique del Val y Gerardo Ferrando Bravo.

También quedó registrada la creación de la Red Nacional del Hidrógeno. El aumento en la demanda de energía, aunado al excesivo uso de los combustibles fósiles y las consecuencias ambientales que estos originan, han motivado la búsqueda de fuentes alternas de energía. Dentro de estas se encuentra el hidrógeno como un energético intermedio capaz de sustituir al petróleo y sus derivados en diferentes aplicaciones, ya que no contamina el medio ambiente y es de gran abundancia, además de ser renovable. Se le conoce como combustible intermedio por el hecho de que no se encuentra libre en la naturaleza, así que debe llevarse a cabo un proceso de generación de hidrógeno que requiere equipos especiales, materias primas y energía. Sin embargo, se ha encontrado que de todas maneras el empleo del hidrógeno tiene muchas ventajas en la procuración del desarrollo sustentable.

Hacer del hidrógeno una fuente de energía limpia, segura y confiable requiere de esfuerzos en las áreas de investigación y desarrollo de infraestructura. En cada una de las etapas del hidrógeno (producción, almacenamiento, distribución, conversión y uso) existen retos que deben ser superados para lograr una alta eficiencia técnica y económica, que facilite la transición hacia este energético. Para su creación participaron Gerardo Ferrando Bravo, José Luis Fernández Zayas, Juan Mata Sandoval, Juan Eibenschutz Hartman, Pablo Mulás del Pozo, Kenneth S. Smith Jacobo, Andrónico González Ocampo, Juan Luis Francois Lacouture, Pedro Matabuena Cascajares, Omar Solorza Feria, entre otros.

En esa época, se concretaron proyectos de vinculación con el sector productivo de trascendencia nacional, con la participación activa de profesores y alumnos. Fueron iniciativas de gran escala que generaron ingresos extraordinarios para la Facultad y para la UNAM, como nunca antes se había logrado. Uno de los más emblemáticos fue el Sistema de Información de Medicina Familiar (SIMF) del IMSS: un sistema modular de Registro Clínico Electrónico, basado en el Modelo de Medicina Familiar adoptado por la institución. Se cubrieron mil doscientas tres unidades de medicina familiar y cien hospitales; se impartieron diecinueve mil cuarenta y un cursos, beneficiando a ciento treinta y un mil trescientos setenta y seis usuarios. Participaron diez profesores y cincuenta y cinco alumnos de licenciatura y posgrado. El proyecto, por parte de la UNAM, fue coordinado por el ingeniero Rolando Gervasi, profesor y notable especialista en sistemas informáticos, con prestigio nacional e internacional. Fue un éxito rotundo, al punto que el director del IMSS lo destacó con orgullo en el libro blanco como uno de los grandes logros de colaboración entre el IMSS y la UNAM. Recuerdo que todo comenzó con una llamada urgente de altos directivos del IMSS: me citaron ese mismo día para discutir el proyecto. Hablamos de alcances, tiempos y condiciones. Les dije que necesitábamos analizarlo cuidadosamente, pero ante la presión respondieron: «¿Pueden o no pueden? Porque si no, se lo daremos al IPN».

En aquel momento, el diagnóstico del posgrado nacional revelaba múltiples carencias: baja matrícula, distribución inadecuada de los estudiantes, centralismo excesivo, escasa formación de doctores, falta de financiamiento y una profunda desvinculación con el sector productivo.

En 2005 ingresé como académico de número a la Academia de Ingeniería, presentando el trabajo Prospectiva de las Telecomunicaciones Mexicanas: El caso de los Satélites Nacionales. Tuve el honor de que los comentarios a mi ponencia fueran realizados por tres grandes figuras de la ingeniería mexicana: Javier Jiménez Espriú, Eugenio Méndez Docurro y Sergio Viñals Padilla.

Así, la UNAM no solo fue mi casa de estudios, sino el terreno fértil donde se cultivaron mis pasiones, se consolidaron mis convicciones y se desplegó, sin que yo lo buscara con ansias, una trayectoria profundamente comprometida con el conocimiento, la docencia y la transformación tecnológica del país. Desde las aulas hasta los grandes proyectos nacionales, desde las telecomunicaciones hasta la reflexión humanista, cada etapa ha sido un eslabón que me une a una comunidad que no deja de pensar, de cuestionar y de construir. Si algo me ha enseñado esta travesía, es que la universidad pública, cuando se vive con entrega, se convierte no solo en un lugar de paso, sino en una forma de estar en el mundo. Fue por ello que quise tener un mayor roce internacional.

Mi estancia en España

Al concluir mi gestión como secretario de Posgrado e Investigación en 2007, el nuevo director, Gonzalo Guerrero Zepeda, me designó Coordinador de Proyectos Especiales y de la Torre de Ingeniería. Sin embargo, esta nueva etapa duró apenas unos meses, ya que recibí una invitación del director de la Escuela de Telecomunicaciones de la Universidad Politécnica de Madrid (UPM), Guillermo Cisneros Pérez, para incorporarme como profesor visitante. Lo vi como una oportunidad invaluable para mi desarrollo académico y profesional, pero también como una experiencia única para mi familia, ya que mis hijos eran aún niños y adolescentes. Vivir y estudiar en otro país, recorrer Europa en varias ocasiones, era una vivencia irrepetible. Solicité ante el Consejo Técnico dos años sabáticos y un permiso adicional de un año, al estar realizando actividades de interés para la Facultad de Ingeniería.

Viví grandes experiencias como profesor de licenciatura y posgrado, miembro del Consejo de Departamento y representante de la UPM en el proyecto Networked and Electronic Media (NEM), dentro del Séptimo Programa Marco de Proyectos Europeos, lo cual me permitió participar en reuniones en distintos países del continente. También formé parte del equipo que diseñó y puso en marcha la Maestría en Tecnología Espacial, en la que impartí varias asignaturas junto con Miguel Calvo, Jesús Peláez, Ramón Martínez, Pedro Duque e Isabel Pérez, entre otros. Esta maestría fue muy bien recibida por la industria española, con participación de empresas como Thales Alenia, Indra, Hisdesat, GMV, SENER, INSA, EADS, Hispasat, INTA y CDTI, y contó con el respaldo de la Agencia Espacial Europea (ESA).

Una experiencia que disfruté especialmente fue impartir cursos con alumnos de distintos países europeos. Gracias a la movilidad académica entre universidades, en un mismo grupo coincidían estudiantes alemanes, italianos, franceses, holandeses y, por supuesto, españoles. Aquella diversidad cultural enriquecía las clases y hacía de cada sesión un verdadero cruce de perspectivas.

Un especial agradecimiento a Guillermo Cisneros por su confianza y apoyo. Mi reconocimiento también por sus importantes logros, tanto como director de la Escuela Superior de Ingenieros de Telecomunicaciones, como en su gestión como Rector de la Universidad Politécnica de Madrid.

Durante esta etapa, me familiaricé con las competencias del profesorado universitario ante la convergencia europea y su formación, así como con el funcionamiento de la industria espacial española y europea. Mis hijos tuvieron un excelente desempeño en el Colegio Concertado Nuestra Señora del Buen Consejo, y mi esposa disfrutó profundamente la vida en Madrid.

Exploramos la ciudad y sus museos —el Prado, el Reina Sofía y el Thyssen—Bornemisza, entre otros—. Establecí vínculos con destacados ingenieros españoles, como Aníbal Figueiras y Mateo Valero, quienes nos invitaban a reuniones de alto nivel, en las que tuve la oportunidad de saludar a figuras como el Rey Juan Carlos I, José Luis Rodríguez Zapatero y Alberto Ruiz—Gallardón, entre otros. Desde luego, no dejamos pasar la oportunidad de recorrer las rutas del vino en La Rioja y la Ribera del Duero, disfrutando de catas en algunas de las bodegas más reconocidas de España, y obviamente las corridas de toros en Las Ventas y en otras plazas. Recuerdo que en una visita que nos hizo Manuel

Viejo Zubicaray, fuimos a una corrida a Aranjuez y antes de ella, al estar comiendo en un restaurante, de repente vimos que estaba en una de las mesas Eloy Cavazos, y vaya alegría que mostró Manuel al ir a saludarlo.

Un verano, aproveché para visitar a mi querido amigo Jacinto Viqueira y a su esposa Annie en la casa de sus ancestros en Betanzos, La Coruña. Jacinto me comentó que yo era el único mexicano que había estado en esa casa.

Seis años después regresaría nuevamente a la UPM, esta vez para un semestre sabático y, además de desempeñarme como profesor, con el nombramiento de delegado del Rector para Posicionamiento Internacional de la universidad. En esta ocasión, la UPM me facilitó un departamento de su propiedad, ubicado muy cerca del estadio Santiago Bernabéu.

En resumen, mis estancias sabáticas en la Universidad Politécnica de Madrid dejaron una profunda huella en mi trayectoria internacional. Participé activamente en actividades académicas, impartí cursos de licenciatura, maestría y doctorado, dirigí tesis, colaboré en la creación de nuevos programas de posgrado y formé parte de proyectos patrocinados por la Comisión Europea. Además, representé al rector en temas estratégicos de posicionamiento internacional.

Mi vínculo con España se fortaleció notablemente y, gracias al ingeniero Francisco García—Blanch de Benito y al maestro Avelino Cortizo, tuve el honor de elaborar el prólogo del libro Hispanismo: cénit del humanismo, en los siguientes términos:

Los autores, con gran visión, trazan un paralelismo entre los objetivos y aportaciones de la ingeniería y la tecnología del hispanismo, y los actuales Objetivos de Desarrollo Sostenible de la Organización de las Naciones Unidas.

De ese encuentro entre la ingeniería ibérica y la mexicana han surgido obras e innovaciones extraordinarias en diversos campos del conocimiento, en particular en la ciencia y la tecnología.

Nuestros antepasados compartían una visión de la ingeniería muy cercana a la que hoy concebimos:

—Resolver problemas tecnológicos de manera eficaz y eficiente para mejorar la calidad de vida de la población.

—La ingeniería es esencial para satisfacer las necesidades colectivas, impulsar el desarrollo económico y garantizar el suministro de servicios a la sociedad.

—El valor de la ingeniería radica en su función social.

—Gran parte del desarrollo se sustenta en la economía del conocimiento, y al aprovechar la ciencia y la tecnología, es posible reducir la desigualdad y acelerar el crecimiento económico.

Como afirman García—Blanch y Cortizo, aquellos hombres fueron modernos —quizá los más modernos de su tiempo—, pues, como escribió Borges: «fueron modernos por fatalidad».

Con un recorrido breve, pero de enorme trascendencia histórica, la ingeniería mesoamericana —con su vasta y prolongada tradición— y su encuentro con la península ibérica en distintos momentos de nuestra historia común, dejaron una huella profunda en el devenir de los tiempos.

Obras extraordinarias de vivienda, sistemas hidráulicos, caminos, observación astronómica y práctica de deportes siguen hoy despertando admiración por su perfección geométrica y matemática, por el uso sabio de materiales, las técnicas constructivas, el ingenio y el arte. Todo ello sitúa el origen de nuestra vocación en los primeros siglos de nuestra era y su nivel de calidad, al menos, a la par de los más grandes desarrollos del planeta.

La construcción teotihuacana es contemporánea de la muralla china; la edificación de Uxmal, anterior a la mezquita de Córdoba; y los murales de Bonampak —expresión vívida y narrativa— preceden en siete siglos a los de Giotto, considerados el inicio de la pintura expresiva occidental.

La construcción sobre el lecho del lago, el Templo Mayor, las colosales pirámides, los observatorios y castillos, el Albarradón de Nezahualcóyotl, el acueducto de Chapultepec, los juegos de pelota, los diques—calzada, los caminos mayas, las plazas majestuosas, los centros ceremoniales y los complejos sistemas hidráulicos son testimonio del asombroso conocimiento y la habilidad técnica de nuestros antepasados.

La creación de sistemas agrícolas de precisión y alto rendimiento —como las tierras elevadas sobre el agua— es otra muestra del avance notable alcanzado por las civilizaciones de la época.

El ingenio y la creatividad de los mesoamericanos para resolver los desafíos cotidianos, incorporando ya una conciencia sobre el aprovechamiento y cuidado del entorno natural, resulta admirable. Un legado extraordinario al que se sumaría más tarde el que llegaría con la conquista.

La herencia de los años de la Colonia y del México Independiente dio origen a un mestizaje profesional que aún nos hermana.

Durante la Colonia surgieron, sin embargo, los antecedentes de lo que hoy conocemos como ingeniería minera, geológica, mecánica, química e industrial, y comenzó a tomar forma la que ahora llamamos ingeniería civil.

Se dio entonces un acontecimiento fundamental para la historia de la ingeniería en el continente americano, con raíces en tierras hispánicas: la fundación de la primera casa de las ciencias en América.

Es así como, en la muy noble, insigne y leal Ciudad de México, hace doscientos treinta y un años, las Reales Ordenanzas dieron origen al Real Seminario de Minería: la primera casa de la ciencia en el continente americano. Fue el primer sitio en el llamado Nuevo Mundo donde se enseñaron, con orden y concierto, la química, las matemáticas, la física y otras asignaturas. Posteriormente, se trasladó al Palacio de Minería, cuna, sede y símbolo de la ingeniería mexicana, joya del neoclásico diseñada por el arquitecto valenciano Manuel Tolsá.

El palacio, ocupado inicialmente por el Real Seminario de Minería, se transformó sucesivamente en Seminario de Minería, luego en el Colegio de Minería —que otorgaba el título de ingeniero— y, más adelante, en la Escuela Nacional de Ingenieros. Finalmente, a partir de mil novecientos cincuenta y nueve, adquirió la categoría de Facultad de Ingeniería.

Estos relatos entrelazan a Hispanoamérica a través de raíces profundas y éxitos notables e imperecederos, y anuncian un porvenir lleno de oportunidades para la colaboración en múltiples ámbitos.

El hecho de que, en mil ochocientos veintiuno, la Nueva España tuviera una riqueza y un desarrollo comparable —incluso superior— al de Estados Unidos y España, al momento de alcanzar su independencia, es una muestra contundente de su relevancia histórica.

No cabe duda de que, en aquellas épocas, la ingeniería y la tecnología estaban ya alineadas con lo que hoy entendemos como los Objetivos de Desarrollo Sostenible de las Naciones Unidas. Y lo están aún más ahora, con las nuevas tecnologías de la computación y las diversas ramas de la ingeniería, incluida la inteligencia artificial, cuyo sentido remite al pensamiento humano, a la acción racional y a la búsqueda de decisiones fundamentadas.

Con el exilio republicano, muchos notables ingenieros españoles emigraron a distintas regiones del mundo. Una de ellas fue México.

Se estima que más de doscientos ingenieros emigraron a distintos países de América. A ellos se sumaron unos cincuenta arquitectos, de los cuales aproximadamente la mitad se estableció en México.

El exilio español trajo consigo aportaciones significativas, pero también es cierto que la cultura de los países de acogida influyó profundamente en su obra. Una vez más, se dio ese cruce fecundo entre «reinos», que fortaleció el desarrollo tecnológico en ambos lados del océano.

«América ha absorbido a España en su seno. Hagamos el inventario, contemos los huecos en las filas y que se levanten los muertos. Seamos capaces del destino. Aquí está la masa, aquí están las manos. Que no falte la voluntad», decía Alfonso Reyes en mil novecientos treinta y nueve.

Durante el exilio español, México vivió una afortunada conjunción entre oportunidad y capacidad transformadora:

—La población del país se multiplicó por dos punto cinco.

—El índice de analfabetismo se redujo a la mitad.

—Se construyeron más de sesenta mil aulas.

—La matrícula en educación básica se quintuplicó, y en educación superior se multiplicó por diez.

—La red de carreteras creció cinco veces; el número de camiones se multiplicó por diez y el de automóviles por diecisiete.

—La generación eléctrica se incrementó once veces.

—La superficie agrícola bajo riego aumentó cuarenta veces, y los rendimientos de los principales cultivos se triplicaron o incluso quintuplicaron.

—La economía nacional mantuvo un crecimiento sostenido del 6 % anual.

Cada uno es hijo de sus obras, decía Cervantes en voz de El Quijote, y ellos —los exiliados— participaron en grandes obras que marcaron la historia de México: el desarrollo agrícola e industrial, la construcción de presas, vías terrestres, sistemas de energía, puertos, aeropuertos, túneles, infraestructura urbana y turística, viviendas, instalaciones deportivas, capillas, iglesias, catedrales, escuelas, universidades, recintos culturales, una vasta producción bibliográfica y una vida académica vibrante.

«Y al llegar ustedes a esta tierra nuestra, entregaron su talento y sus energías a intensificar el cultivo de los campos, a aumentar la producción de las fábricas, a avivar la claridad de las aulas, a edificar y honrar sus nuevos hogares y a hacer, junto con nosotros, más grande a la nación mexicana. En esta forma habéis hecho honor a nuestra hospitalidad y a vuestra patria», expresó el presidente Lázaro Cárdenas en 1957.

Fue una época de prosperidad, que en tiempos recientes se ha visto deteriorada. Es necesario recuperar ese espíritu de colaboración para enfrentar los grandes desafíos del presente: la pobreza, el hambre y el cambio climático, entre otros.

Tuve la fortuna de que varios de ellos fueran mis profesores y amigos, a quienes estaré siempre profundamente agradecido.

En lo personal, se repitió el cruce de caminos al haber tenido la oportunidad de ser profesor visitante en la Universidad Politécnica de Madrid durante algunos años. En ese tiempo, pude compartir valiosas experiencias y conocimientos con académicos y estudiantes europeos, y forjar una sólida amistad fraterna con ilustres colegas españoles.

En el Hispanismo, de alguna manera, los diecisiete Objetivos de Desarrollo Sostenible ya estaban presentes, porque en general se trabajaba en:

1. Poner fin a la pobreza, mediante productos diseñados para mitigarla.
2. Hambre cero, a través del trabajo agrario que mejora la alimentación.
3. Buena salud y bienestar, al proveer agua, sistemas de sanidad, hospitales y productos medicinales.
4. Educación de calidad, con un sólido sistema público educativo y, en algunas zonas, de carácter obligatorio en edades tempranas y de adolescencia. Se funda la Universidad de México.

5. Igualdad de género, impulsada por el liderazgo y la participación de mujeres notables como Isabel la Católica, La Malinche y Sor Juana Inés de la Cruz, entre muchas otras.

6. Agua limpia y saneamiento, con grandes acueductos, obras de desagüe y el Gran Canal, antecedentes del drenaje profundo de la Ciudad de México.

7. Energía asequible y no contaminante, mediante grandes obras hidráulicas aplicadas a la minería, la agricultura y la industria en general.

8. Trabajo decente y crecimiento económico, a través del diseño, construcción, operación y mantenimiento de infraestructura.

9. Industria, innovación e infraestructura, con avances en procesos industriales y desarrollo de obras públicas.

10. Reducción de las desigualdades, promovida por el crecimiento económico y la expansión de infraestructura que permite una mayor inclusión social.

11. Ciudades y comunidades sostenibles, con modelos ejemplares de construcción, organización y gobernanza.

12. Producción y consumo responsables, mediante el diseño y fabricación de bienes cada vez más sustentables.

13. Acción por el clima, con innovación tecnológica orientada hacia la sostenibilidad.

14. y 15. Vida submarina y vida terrestre: edificios erigidos en el agua, cuidado del océano en beneficio de la salud humana y la calidad de los alimentos marinos; ciudades y sistemas urbanos de diseño notable, emplazados con conciencia del entorno y del paisaje.

16. Paz, justicia e instituciones sólidas, mediante el respeto y cumplimiento de códigos de derecho y de ética.

17. Alianzas para lograr los objetivos, con base en la solidaridad, la fraternidad, el apoyo mutuo, la equidad y el encuentro verdadero. Asociaciones y sociedades económicas.

Todo lo anterior conduce a las prioridades actuales: fortalecer la industria y la infraestructura frente a la llegada de la Cuarta Revolución Industrial y la inteligencia artificial.

El mundo se está reconfigurando a una velocidad inédita, mucho más rápido de lo que habíamos visto en décadas recientes. Esta transformación tendrá un impacto directo en múltiples ramas de la tecnología: desde la transformación digital y las telecomunicaciones, hasta la infraestructura, el transporte, la producción y distribución de alimentos, la energía eléctrica, las industrias petrolera, química y minera, el manejo de los recursos hídricos, la industria automotriz y aeroespacial, así como en sectores clave como la educación, la vivienda, la salud y la seguridad.

Estas nuevas tecnologías permitirán realizar tareas de revisión, evaluación y restauración de edificaciones, vialidades e instalaciones dañadas por desastres naturales, además de facilitar el análisis y la mejora en los procesos de aseguramiento de calidad en la obra pública, impulsando proyectos con altos estándares de diseño, supervisión y cumplimiento normativo.

La agricultura avanza con rapidez en la incorporación de tecnologías modernas para aumentar su rendimiento y contribuir a la preservación del medio ambiente. Entre estas herramientas destacan los satélites artificiales aplicados al desarrollo agrícola. En materia de telecomunicaciones, permiten una conectividad versátil y eficaz, incluso en los sitios más alejados y aislados. Con satélites de observación terrestre, es posible optimizar la producción y generar mayores ingresos al mejorar los campos de cultivo, reducir el uso de fertilizantes, monitorear plagas, proporcionar información precisa sobre riego y límites de las parcelas, e incluso anticipar el rendimiento de las cosechas.

Otras oportunidades con gran potencial incluyen el monitoreo ambiental, el desarrollo de infraestructura, la inteligencia humana, la exploración y explotación de recursos naturales, así como la seguridad y la vigilancia. La ingeniería y la arquitectura, como disciplinas profundamente ligadas a la historia de México y del mundo, han sido motores de transformación, especialmente en los últimos ciento cincuenta años.

«Y otro día por la mañana llegamos a la calzada ancha y vamos camino a "Estapalapa". Y desde que vimos tantas ciudades y villas pobladas en el agua y en tierra firme otras grandes poblazones, y aquella calzada tan derecha y por nivel como iba a México, nos quedamos admirados, y decíamos que parecía a las cosas de encantamiento que cuentan en el libro Amadís, por las grandes torres y 'cúes' y de edificios que tenían en el agua, y todos de calicanto, y aun algunos de nuestros soldados decían que si aquello que veían si era entre sueños, y no es de maravillas que yo escriba aquí de esta manera, porque hay mucho que ponderar en ello que no sé cómo lo cuente: ver cosas nunca oídas ni aun soñadas, como veíamos ...» —relata Bernal Díaz del Castillo en su Historia verdadera de la conquista de la Nueva España.

Mi paso por España no fue solo una experiencia académica, sino una vivencia profundamente humana. Las estancias en la Universidad Politécnica de Madrid me permitieron ampliar horizontes, construir vínculos entrañables y participar activamente en la vida universitaria europea. Allí confirmé que la ingeniería —como la historia, como la cultura— es un lenguaje que une, que tiende puentes entre continentes y generaciones.

El diálogo constante entre la tradición hispánica y la innovación tecnológica contemporánea fue, para mí, una fuente inagotable de aprendizaje. Pude constatar que los valores que sustentaron los grandes logros de la ingeniería hispanoamericana —el ingenio, la colaboración, la ética del trabajo bien hecho— siguen vigentes y son hoy más necesarios que nunca ante los desafíos globales que enfrentamos.

Volví a la UNAM con una visión renovada, convencido de que el mestizaje intelectual, como el cultural, es una riqueza que debemos cuidar y potenciar. Agradezco profundamente la oportunidad de haber sido parte de esa historia compartida. Porque, al final, viajar no solo transforma nuestra mirada: nos ayuda también a comprender mejor quiénes somos y cuál es el legado que estamos llamados a construir.

Mi querida Facultad de Ingeniería

Regreso con mi familia y me reincorporo a mis actividades académicas en la Facultad de Ingeniería: impartición de cursos, dirección de tesis, conferencias, publicaciones, redacción de libros, revisión de planes de estudio, proyectos conjuntos, actividades gremiales; y, sobre todo, con una entusiasta participación en la creación de la Agencia Espacial Mexicana.

Publiqué más de cien artículos, la mayoría en revistas indexadas, y varios de ellos en el IEEE. Fui también coeditor y coautor de diversos libros.

Durante esos años, viví experiencias significativas al participar en varios procesos para la designación del director de la Facultad de Ingeniería. Se trata de ejercicios de auscultación abiertos a toda la comunidad, en los que inicialmente participan más de quince candidatos, hasta llegar a una etapa final en la que el rector conforma una terna, y la Junta de Gobierno designa al nuevo director.

Logré quedar en la terna de 2003, aunque con pocas posibilidades, pues también la integraban Gerardo Ferrando Bravo y Alberto Moreno Bonet. La Junta de Gobierno designó finalmente a Gerardo Ferrando Bravo. En esa ocasión, me entrevisté con el rector Francisco Barnés de Castro para la conformación de la terna.

En una segunda oportunidad, en 2007, nuevamente quedé en la terna, esta vez junto a Gonzalo Guerrero Zepeda y Eduardo

Arreola Valdez, siendo designado Gonzalo Guerrero. Me entrevistó el rector Juan Ramón de la Fuente, con quien ya había tenido trato, pues durante un viaje que realizó a Moscú para recibir el Doctorado Honoris Causa por la Universidad Estatal de Moscú, le informaron que yo participaba en un proyecto de un satélite para la predicción de sismos. Tal vez por eso, en una comida con motivo del Día del Maestro, al llegar como cualquier profesor a recibir mi reconocimiento por treinta años de servicio, me dirigí al registro y, al dar mi nombre, me indicaron que debía pasar a la mesa principal, junto al rector, su equipo directivo y algunos directores de entidades de la UNAM. Vaya sorpresa.

En 2019, pensando que la tercera sería la vencida para la Dirección de la Facultad, decidí participar una vez más. Nuevamente quedé en la terna, conformada en esta ocasión por el director en funciones, Carlos Escalante Sandoval, y Leopoldo González González. El designado fue Carlos Escalante Sandoval, reelegido para un segundo periodo. Me entrevistó el rector Enrique Graue Wiechers.

Son muchos los factores que influyen en una designación. Además del perfil profesional, intervienen elementos de carácter político. Sin embargo, siempre valoré profundamente el reconocimiento que me brindó la comunidad de la Facultad de Ingeniería. En las encuestas que realizaba la Unión de Profesores como parte del proceso, fui el candidato con mayor número de votos en las tres ocasiones en que participé.

Me gustaría compartir las ternas que se han conformado desde el año de 1942, en las que figuran destacados ingenieros que han dejado huella en la historia de la ingeniería mexicana.

ESCUELA NACIONAL DE INGENIEROS

1942

Ing. Alberto Barocic
Ing. Pedro Martínez Tornel (Director)
Ing. Luis Mascott López

1945

Ing. Andrés Villafaña
Ing. Alberto Barocic
Ing. Alberto J. Flores (Director)

1951

Ing. Rodrigo Castelazo Andrade
Ing. José de Parres y Escobar (Director)
Ing. Jehová Guerrero y Torres

1955

Ing. Javier Barros Sierra (Director)
Ing. Antonio Dovalí Jaime
Ing. José Luis de Parres y Escobar

FACULTAD DE INGENIERÍA

1959

Ing. Antonio Dovalí Jaime (Director)
Ing. Rodolfo Félix Valdés
Ing. Guillermo Salazar Polanco

1963

Ing. Antonio Dovalí Jaime (Director)
Ing. Rodolfo Félix Valdés
Dr. Leonardo Zeevaert Wiechers

1967

Ing. Amado Chiñas de la Torre
Ing. Leopoldo Lieberman Litmanowicz
Ing. Manuel Paulin Ortiz (Director)

1970

Ing. Jorge Betancourt Cuevas
Dr. Juan Casillas García de León (Director)
Dr. Daniel Reséndiz Núñez

1974

M. en C. Enrique del Valle Calderón (Director)
Ing. Daniel Díaz Díaz
Ing. Manuel Viejo Zubicaray

1978

Ing. José Manuel Covarrubias Solís
M. en C. Enrique del Valle Calderón
Ing. Javier Jiménez Espriú (Director)

1982

Ing. Javier Jiménez Espriú (Director)
Dr. Octavio Agustín Rascón Chávez
Ing. Mariano Ruiz Vázquez
Ing. Marco Aurelio Torres Herrera (Interino)

1983

Ing. José Manuel Covarrubias Solís
Ing. Fernando Favela Lozoya
Dr. Octavio Agustín Rascón Chávez (Director)

1987

Ing. Gabriel Moreno Pecero
Dr. Daniel Reséndiz Núñez (Director)
Ing. Mariano Ruiz Vázquez

1991

Dr. Heber Cinco Ley
Ing. José Manuel Covarrubias Solís (Director)
Ing. Guillermo Fernández de la Garza

1995

Ing. José Manuel Covarrubias Solís (Director)
Ing. Fernando Favela Lozoya
Ing. Juan Ursul Solanes

1999

Dr. Guillermo Cruz Domínguez Vargas
Dr. José Luis Fernández Zayas
Mtro. Gerardo José Ferrando Bravo (Director)

2003

Mtro. Gerardo José Ferrando Bravo (Director)
Dr. Salvador Landeros Ayala
Mtro. Alberto Moreno Bonet

2007

Dr. Eduardo Arreola Valdez
Mtro. Gonzalo Guerrero Zepeda (Director)
Dr. Salvador Landeros Ayala

2011

Dr. Carlos Escalante Sandoval
Mtro. Gonzalo Guerrero Zepeda (Director)
Dr. Dante Morán Zenteno

2015

Dr. Carlos Escalante Sandoval (Director)
Dr. Leopoldo González González
Mtro. Juan Ursul Solanes

2019

Dr. Carlos Escalante Sandoval (Director)
Dr. Leopoldo González González
Dr. Salvador Landeros Ayala

2023

Dr. Gerardo René Espinosa Pérez
Dr. José Antonio Hernández Espriú (Director)
Dra. Aida Huerta Barrientos

Nótese que he sido el único candidato que ha estado en tres ternas sin haber sido designado director. Pero no pasa nada: la vida me recompensó con muchas otras oportunidades. Cuando los estudiantes me preguntan cuáles son las claves del éxito, les respondo que se trata de mucho trabajo, dedicación y pasión por lo que uno hace, y, sobre todo, de mantener siempre buenas actitudes. Nunca hay que olvidar la Plaza ni La Abeja.

Algo que me llenó de orgullo, al haber participado en esos procesos, fue que en 2007 la Junta de Gobierno publicó el siguiente comunicado:

«En reunión plenaria el día de hoy, y una vez concluido el periodo de consulta a la comunidad, los miembros de la Junta de Gobierno dieron a conocer los nombres de los universitarios que fueron propuestos para ser considerados como candidatos a ocupar el cargo de rector de esta casa de estudios para el periodo 2007—2011.

Ellos son: Eduardo Bárzana García, Fernando Curiel Defossé, José Antonio de la Peña Mena, Arturo Díaz Alonso, Roberto Escudero Derat, Gerardo Ferrando Bravo, Luis Javier Garrido Platas, Renato González Mello, José Gonzalo Guerrero Zepeda, Juan Pedro Laclette San Román, Salvador Landeros Ayala, Eduardo López Betancourt, Luis Fernando Magaña Solís, Raúl Mejía Estañol, José Narro Robles, Fernando Pérez Correa, Tila María Pérez Ortiz, Rafael Pérez Pascual, Alejandro Pisanty Baruch, Lourdes Rojas Álvarez, Rosaura Ruiz Gutiérrez, Luis Enrique Sansores Cuevas, Fernando Serrano Migallón, Diego Valadés Ríos, Ambrosio Velasco Gómez, Ernesto Velasco León y Benny Weiss Steider.

Después de analizar los argumentos contenidos en las diversas propuestas, la Junta de Gobierno decidió invitar a presentar por escrito su plan de trabajo a las siguientes personas: José Antonio de la Peña Mena, Gerardo Ferrando Bravo, Luis Javier Garrido Platas, José Narro Robles, Fernando Pérez Correa, Rosaura Ruiz Gutiérrez, Fernando Serrano Migallón y Diego Valadés Ríos».

Fue un gran privilegio haber formado parte de esta lista junto a tan distinguidos universitarios.

Mirando hacia atrás, no puedo sino sentir un profundo agradecimiento por la Facultad de Ingeniería, que ha sido para mí no solo un espacio de formación y trabajo, sino un verdadero hogar intelectual y humano. Aquí forjé amistades entrañables, compartí el entusiasmo de generaciones de estudiantes, enfrenté retos institucionales y participé en la construcción colectiva de un proyecto que nos trasciende.

He tenido el honor de ser parte activa en distintos momentos decisivos de su historia reciente: desde la evolución de sus planes de estudio y su estructura académica, hasta la participación en ternas para su dirección. Si bien no ocupé el cargo de director, el reconocimiento de la comunidad, la inclusión en procesos fundamentales y la posibilidad de influir con ideas y propuestas han sido suficientes motivos de orgullo.

En cada aula, en cada proyecto, en cada conversación con colegas y alumnos, la Facultad me ha recordado que la ingeniería no es solo una profesión: es una forma de compromiso con el mundo. Y en ese compromiso, la ética, el conocimiento, la imaginación y el trabajo colectivo son las verdaderas herramientas que forjan el porvenir. Después vendrían reconocimientos inmerecidos que recibí en nombre de la ingeniería y de México.

Sorpresas y Alegrías

La Comunidad Nacional e Internacional me ha honrado con diversos reconocimientos: el Premio AIUME a la Excelencia Profesional; el Premio Nacional de Ingeniería del Colegio de Ingenieros Mecánicos y Electricistas (CIME); la inclusión en la International WHO'S WHO Historical Society; la Orden al Mérito Panamericano de Ingeniería Mecánica, Eléctrica, Industrial y Ramas Afines; y el Distinguished Service Award de la organización mundial más importante del espacio, la International Astronautical Federation (IAF), otorgado en París. Este último me fue concedido por impulsar la participación de países con capacidades limitadas en el desarrollo espacial y satelital en América Latina y el Caribe, a través de proyectos conjuntos, y por promover su integración a la IAF. Asimismo, fui nombrado Miembro Asociado de la Academia Internacional de Astronáutica en Ciencias Formales.

Varios organismos internacionales me han ofrecido el Doctorado Honoris Causa, pero a la fecha sigo pensando si tengo el privilegio de aceptarlos.

También tuve el honor de recibir sendos reconocimientos por parte de la Cámara de Diputados y del Senado. El pergamino de la Cámara de Diputados expresaba: «Por sus invaluables contribuciones y aportaciones a este órgano legislativo como Asesor Honorífico, tarea que ha sido fundamental para sentar las bases de una política que busca hacer realidad la aspiración colectiva de alcanzar una sociedad más justa y equitativa». Firmaba la diputada María Marivel Solís Barrera, presidenta de la Comisión de Ciencia, Tecnología e Innovación. Por su parte, el Senado me distinguió «por su valiosa participación en el foro El papel de la tecnología en el desarrollo nacional: presente y futuro de México», con la firma de la senadora Olga María del Carmen Sánchez Cordero, presidenta de la Mesa Directiva del Senado de la República. Después me uniría una gran amistad con el presidente en turno de la Comisión de Ciencia, Tecnología e Innovación de la Cámara de Diputados, Javier López Casarín, al realizar trabajo conjunto para darle impulso a la ciencia y tecnología.

La emotiva carta que recibí del Presidente de la IAF, originalmente en inglés y traducida al español, dice lo siguiente:

Nos complace informarle que la Federación Internacional de Astronáutica lo ha seleccionado para recibir el Premio al Servicio Distinguido de la IAF 2024 por su destacada contribución a la astronáutica y al avance de la Federación.

Este premio de la IAF está destinado a recompensar a los voluntarios activos por sus contribuciones al progreso de la astronáutica y la Federación. Es un verdadero honor para nosotros atribuir este premio a usted, que ha sido durante muchos años un participante activo en el éxito de la Federación. Estamos muy agradecidos por su entusiasmo y conocimiento amablemente compartido con nuestra comunidad.

El Premio al Servicio Distinguido de la IAF consiste en un certificado y un pin distintivo que normalmente se presenta durante la Ceremonia de Premio al Servicio Distinguido de la IAF en las Reuniones de Primavera de la IAF, que se celebrarán en París del 26 al 28 de marzo de 2024.

Esperamos que pueda unirse a nosotros en esa ocasión para recibir el premio.

Por favor, acepte nuestras felicitaciones por este merecido premio.

Con nuestros mejores saludos personales.

Para recibir este premio en París, me acompañaron Blanca Elena Jiménez Cisneros, embajadora de México en Francia; Javier Jiménez Espriú, exsecretario de Comunicaciones y Transportes; Guillermo Cisneros Pérez, rector de la Universidad Politécnica de Madrid; Gustavo Medina Tanco, investigador del Instituto de Ciencias Nucleares de la UNAM; y Félix García Lausín, director coordinador del Espacio Iberoamericano del Conocimiento de la Secretaría General Iberoamericana.

Durante mi discurso al recibir el Premio AIUME a la Excelencia Profesional en 2016 —con la presencia del rector de la UNAM, del director del IPN y de Javier Jiménez Espriú, entre otros—, expresé:

Muchas gracias por acompañarme en esta ceremonia para celebrar a la Ingeniería Mecánica—Eléctrica en todas sus ramas de especialidad: la robótica, la electrónica, la energía, la computación, la mecatrónica y las telecomunicaciones. Agradezco profundamente a la Asociación de Ingenieros Universitarios Mecánicos Electricistas y al jurado del Premio AIUME a la Excelencia Profesional por haberme otorgado esta distinción. Sin embargo, estoy convencido de que nadie que haya recibido este reconocimiento lo ha hecho en solitario. Este premio es fruto del apoyo, la colaboración y la entrega profesional de muchos otros ingenieros, que a lo largo de décadas han caminado conmigo. A ellos también se les reconoce y honra simbólicamente en este acto solemne.

Aunque este reconocimiento se otorga a una sola persona, cada año hay miles de ingenieros triunfadores en nuestro querido México, quienes se distinguen en todas las ramas de la ingeniería mecánica y eléctrica. Por ello, el premio que hoy se me confiere lo comparto con ustedes, los ingenieros aquí presentes, y con todos aquellos ausentes que, desde distintos rincones del país, se esfuerzan por dignificar nuestra profesión. A través de su labor cotidiana, enaltecen los valores y principios que han hecho de la ingeniería una serie de hitos en la historia de México, y que, de forma heroica, han entregado su vida a la noble tarea de construir y desarrollar la infraestructura de la nación, con el único propósito de procurar su bienestar.

Este premio debe ser también un estímulo para las nuevas generaciones, para los jóvenes que hoy estudian ingeniería o que inician su ejercicio profesional en esta honorable carrera. Que les sirva como aliento para esforzarse y vencer los obstáculos que encuentren en el camino, dejando huella de su paso por esta disciplina que ha acompañado, desde siempre, el destino del ser humano.

No puedo dejar de mencionar a mis alumnos, fuente constante de motivación, superación e inspiración, a quienes saludo con especial aprecio.

El primer galardón fue otorgado hace veintitrés años a mi inolvidable amigo, maestro y jefe Jacinto Viqueira Landa, quien siempre predicó con el ejemplo. Para él, no podía existir una ingeniería de excelencia sin ideología ni identidad nacional. Solía decir que la ingeniería sin ideología no era más que comercio, y que sus ejecutores eran simples mercaderes al servicio del mejor postor.

Transparente y vertical, congruente, de profundas convicciones, de ideologías claras, de principios y valores que motivaban y estimulaban a todos quienes lo escuchaban. Así era Jacinto. Después de él, han sido distinguidos con este premio otros destacados ingenieros, y no puedo dejar de recordar a aquellos que se nos han adelantado en el destino de la vida: Manuel Viejo Zubicaray, Sergio Valverde Azpiri, Eugenio Méndez Docurro, Gotzon de Anuzita Zubizarreta, Vicente Nacher Todo y Ulrich Scharer

Sauberli. Hombres como ellos, que lucharon incansablemente por el bien de la ingeniería y de la nación, inspiraban confianza y esperanza en un México mejor. Su legado permanece vivo, acompañándonos de forma permanente en nuestro quehacer diario como ingenieros.

Sin el apoyo y el ejemplo de mis queridos e inolvidables padres, yo no sería absolutamente nada. De ellos aprendí el valor del trabajo arduo, la responsabilidad, la cultura del esfuerzo, el espíritu de lucha, la tenacidad, el orden y la disciplina. Vengo de una familia sencilla, en la que los valores —la lealtad, la honestidad, el bien común, la congruencia— formaban parte natural de la vida cotidiana. Mi padre, ejemplo extraordinario de éxito sostenido en la pequeña empresa, hijo de agricultores, supo aprender las más sabias enseñanzas de la vida. Comprendía con claridad el profundo sentido de que el hombre cosecha lo que siembra. Recordaba con frecuencia máximas como la de James Allen: «Siembra un acto y cosecharás un hábito; siembra un hábito y cosecharás un carácter; siembra un carácter y cosecharás un destino»; o aquel viejo refrán citado por Bohl de Faber: «En año bueno el grano es heno, y en año malo, la paja es grano».

Mi madre, de enorme abnegación y espíritu de sacrificio, tuvo apenas una educación básica, pero pudo ver cómo su hijo alcanzaba el máximo grado académico en la Universidad. Viví en carne propia la experiencia más clara de que la Universidad Pública es un factor decisivo de movilidad social. Siendo once hermanos, aprendí el valor del trabajo en equipo, la solidaridad y el respeto. En un equipo de once se aprende a ser defensa, medio y delantero... pero también a esperar pacientemente desde la banca.

Saludo a mis hermanas y hermanos y agradezco todo el apoyo de mi esposa Alma y mis hijos Alejandra, Salvador y Guillermo, en este extraordinario viaje de la vida.

También la educación escolar que recibí desde temprana edad contribuyó enormemente a fortalecer los valores familiares. En la primaria, uno de nuestros mejores maestros continuamente nos decía: Hay que hacer Patria, hay que hacer Patria. Ingresé a la secundaria Antonio Caso y desde entonces entendí lo que tanto estudió este ilustre pensador sobre la filosofía del mexicano y el amor a la Patria. Aprendí desde joven, conceptos que Caso defendió, como la autonomía universitaria y la libertad de cátedra. Así me nació el interés por ingresar a la UNAM, aun cuando realicé mi formación en la hermosa provincia queretana, desde la educación primaria, hasta la preparatoria, en donde tampoco se me olvida el lema de esta institución, que decía: Educo en la verdad y en el honor.

Todo ello me despertó grandes anhelos e ilusiones para ser útil a la sociedad y estudiar ingeniería. Poco después de ingresar a la UNAM en 1971, fallece un gran líder de la ingeniería mexicana, el ingeniero Javier Barros Sierra, dejando muy marcados en mi persona principios como, tolerancia, libertad y autonomía.

He ejercido la ingeniería desde diversos frentes: en el diseño, el cálculo, la planeación, en la ejecución de proyectos y, desde luego, en la docencia y la investigación. Publicar artículos y libros me motiva y emociona, pero siento una satisfacción aún mayor al resolver problemas concretos del país, participando en proyectos de ingeniería que benefician a amplios sectores de la población, sin distinción de niveles sociales, o que contribuyen al desarrollo tecnológico. En estas tareas encuentro una de las recompensas más significativas de mi trayectoria.

Durante muchos años he convivido con ingenieros de distintas especialidades y he sido testigo de la enorme capacidad de la ingeniería mexicana. Ya sea en el ámbito petrolero, en el sector eléctrico, en la construcción de puentes y carreteras, en el transporte o en las telecomunicaciones, el prestigio de nuestros ingenieros no deja lugar a dudas. Por décadas, han sido pilares del desarrollo de la infraestructura, del crecimiento económico y de la generación de empleos en nuestro país.

Pero no debemos repetir los errores del pasado. Me opuse, junto con varios colegas aquí presentes, a la privatización de los satélites nacionales. La etapa posterior a esa decisión fue un verdadero fracaso financiero, que afectó seriamente a inversionistas nacionales y extranjeros, pese a que se había argumentado que el control privado traería mayor capacidad de inversión. Entre los factores que impactaron negativamente al sistema satelital se encuentran la alta contraprestación pagada, la falta de equidad y la competencia desleal —pues los satélites extranjeros contaban con seiscientos cincuenta y nueve transpondedores frente a los apenas ciento cuarenta y ocho de los nuestros—, y, sobre todo, la escasa atención a la seguridad nacional en lo relativo al control de los satélites. A pesar de nuestras advertencias, nunca fuimos escuchados. Predominaron las banalidades y las mezquindades.

También nos opusimos a las reformas de las leyes de telecomunicaciones y de radio y televisión en 2006, por considerarlas insuficientes y deficientes. No fomentaban la diversidad en los servicios de televisión, no otorgaban autonomía al órgano regulador, no contemplaban el fortalecimiento de la investigación y el desarrollo tecnológico en la materia, y favorecían la concentración de los recursos del espectro electromagnético. Fue una reforma que la Cámara de Diputados aprobó en apenas siete minutos, sin discusión alguna.

La desaparición del Instituto Mexicano de Comunicaciones fue también un agravio más a la nación. En todos estos casos, el tiempo nos dio la razón. Bien lo sabe el ingeniero Javier Jiménez Espriú, a quien tanto se debe en el desarrollo de las comunicaciones en México.

El reciente apagón analógico representaba otra gran oportunidad que dejamos pasar para impulsar el desarrollo de tecnología
propia en decodificadores, antenas y equipos de televisión. No
se trataba solamente de los diez millones de televisores ni de una
inversión superior a los veinte mil millones de pesos, sino de la
posibilidad real de incursionar en la industria global de la televisión y de dejar de ser meros seguidores de la tecnología.

En el grupo promotor de la creación de la Agencia Espacial
Mexicana, insistimos ante los senadores en que dicha institución
no podía ser autofinanciable, y que requería un presupuesto
propio y suficiente.

A la fecha, la agencia recibe recursos muy limitados, y con-
fiamos en que esta situación mejore con urgencia, pues de lo
contrario no alcanzará los objetivos esperados y continuaremos
arrastrando enormes rezagos frente a muchos otros países. En
esta visión coincidimos con nuestro astronauta mexicano, el
doctor Rodolfo Neri Vela, así como con diversos expertos de reconocido prestigio.

Las oportunidades para la ingeniería electromecánica en
México son vastas: en la industria automotriz, en la aeroespacial,
en el sector energético y en el campo de las Tecnologías de la Información y las Telecomunicaciones.

Es imprescindible desarrollar nuevas arquitecturas y tecnologías capaces de soportar múltiples contenidos, formatos, patrones
de tráfico y continuidad del servicio a través de redes multidomi-
nio, con una diversidad de tecnologías y dispositivos de acceso.
En este contexto, los satélites jugarán un papel determinante. Las
siguientes generaciones de estas tecnologías serán satélites regene-
rativos en la banda Ka, con haces múltiples y antenas reconfigu-
rables en órbita.

Es común escuchar que WhatsApp, en apenas tres meses,
superó a Skype en el número de llamadas por Internet, o que la

programación de la televisión tradicional no la elige el consumidor, mientras que en la televisión por Internet es el usuario quien decide qué ver. Por ello, no resulta difícil anticipar que, en menos de quince años, la televisión convencional será sustituida por las nuevas tecnologías que hoy emergen con fuerza.

En esta era de creciente competencia, se exigirá a las nuevas generaciones una mayor capacidad, una preparación más sólida y aptitudes mejor desarrolladas para enfrentar los retos complejos de un mundo globalizado. La economía ya no se centra en lo que uno sabe, sino en lo que uno es capaz de hacer con ese conocimiento.

México posee un potencial enorme que no debemos desaprovechar. Hoy se abren nuevas oportunidades en el campo de las telecomunicaciones y en el desarrollo tecnológico del sector. Las proyecciones en la penetración de servicios como la banda ancha, la televisión digital y los servicios de telefonía y datos son ambiciosas, y requerirán grandes volúmenes de equipamiento. ¿De dónde provendrá toda esa tecnología? Se abre aquí una posibilidad invaluable para acelerar la investigación, el desarrollo tecnológico y la innovación, tanto en la producción de equipos como en la fabricación de software para diversas aplicaciones. Para ello, resulta indispensable contar con un organismo que coordine todas las actividades de investigación, desarrollo e innovación en esta materia. Asimismo, se abren caminos para la creación de nuevas carreras —como la ingeniería espacial— y para el fortalecimiento de grupos de investigación en estos campos emergentes.

Pero no debemos volver a equivocarnos. Nuestro anhelo es que se cumplan, con rigor y visión, los principales objetivos de la reciente reforma en telecomunicaciones: garantizar el derecho de acceso a las tecnologías de la información, a las comunicaciones y a la radiodifusión; reforzar la libertad de expresión y el derecho a la información como garantías constitucionales; corregir las deficiencias en penetración y teledensidad; fortalecer la autonomía de los organismos reguladores y preservar condiciones de competencia efectiva. Todo ello, con un propósito central: el beneficio de la sociedad.

Debemos insistir en que el futuro de México depende, de manera directa, del nivel educativo de su población y de su capacidad para generar y aplicar conocimiento tecnológico. La ciencia, la tecnología y la innovación son pilares indispensables para que el país alcance un desarrollo económico sostenible. Con una masa crítica de científicos, ingenieros y técnicos bien formados, México puede integrarse con mayor celeridad a la Sociedad del Conocimiento, impulsando la infraestructura necesaria, la innovación en bienes y servicios, el aumento de la productividad, la mejora de la competitividad nacional e internacional, y la creación de empleos de calidad, con el consiguiente bienestar para sus ciudadanos. Para lograrlo, es imprescindible una articulación sólida de toda la cadena educativa —desde la formación básica hasta la educación media superior y superior— que responda a las necesidades del país. De ahí que la reforma educativa deba implicar transformaciones profundas en los modelos pedagógicos, en los programas y planes de estudio, y en los contenidos mismos: en los conocimientos, habilidades y actitudes que permitan a México avanzar con mayor firmeza y rapidez hacia un futuro más justo, productivo y sostenible.

Señor Rector:

La ingeniería mexicana está comprometida con las instituciones de educación superior en el fortalecimiento de la innovación y el desarrollo tecnológico; en la realización de proyectos de largo aliento con el sector productivo; en la renovación de su planta docente; en la certificación de la profesión, y en la internacionalización, mediante nuevas alianzas con universidades de prestigio mundial, que permitan el intercambio de profesores y alumnos, así como el desarrollo conjunto de proyectos de docencia e investigación. Estoy convencido de que las instituciones mexicanas seguirán escalando posiciones en los rankings internacionales, y creo firmemente que la UNAM puede recuperar el primer lugar que le corresponde en América Latina. Tiene con qué hacerlo. Estamos muy cerca de lograrlo y, sobre todo, como usted ha dicho, porque no podemos darnos el lujo de ser autocomplacientes.

Reconocemos también la importancia de luchar por un mayor presupuesto para las universidades públicas, a fin de enfrentar las nuevas circunstancias y desafíos de los próximos años. Sólo así podrán mantener su prestigio, asegurar su permanencia exitosa y seguir creciendo en su misión sustantiva, así como en la confianza y el respeto que les otorga la sociedad mexicana.

La investigación, el desarrollo y la innovación en la industria, y su vínculo estrecho con universidades y centros de investigación, son fundamentales para generar productos que respondan a la demanda nacional y compitan en los mercados internacionales. México necesita desarrollar tecnologías propias y consolidar los nichos donde puede ser líder a nivel mundial. No basta con maquilar, porque la riqueza principal se va a otros países. Competimos en una selva global donde nadie regala nada.

La ingeniería mexicana debe tener una presencia oficial en la vida nacional, y estar resguardada en áreas estratégicas como la energía, las telecomunicaciones, los recursos hídricos y la infraestructura. Esto debe quedar claramente establecido en las políticas públicas. Anhelo que cualquier decisión gubernamental relacionada con las ingenierías sea consultada con los líderes de opinión del gremio. El futuro de México depende de una ingeniería fuerte, responsable, unida, solidaria y leal a los intereses nacionales. Si bien son necesarias las alianzas estratégicas, no es aceptable que se privilegie sistemáticamente a firmas extranjeras, dejando a nuestras empresas en desventaja. Muchos de nuestros ingenieros reciben bajos salarios, están subutilizados o trabajan en la informalidad.

Debemos reconocer que los empresarios mexicanos han enfrentado tiempos difíciles, como consecuencia de un menor crecimiento económico mundial, la caída en los precios del petróleo, los altibajos en los mercados asiáticos y la fortaleza del dólar. No obstante, apostemos también por la diversificación de fuentes de ingreso, por el fortalecimiento del mercado interno, por la capacidad y generosidad de los mexicanos y por el amor a la patria.

La población exige empleo, oportunidades, alimentación, educación, salud, vivienda, democracia, seguridad, justicia y paz. A pesar de los problemas económicos, se abren ante nosotros enormes oportunidades.

Como ciudadano mexicano, creo en el nacionalismo y en la soberanía bien orientados. Mientras algunos aseguran que las reformas nos colocan en la senda del crecimiento —que la inversión extranjera aumenta considerablemente y que nuestra economía es sólida y confiable—, otros advierten que crece el desempleo, que cada año hay un millón más de personas en situación de pobreza, y que gran parte de esa inversión extranjera es meramente especulativa. ¿Transformación real o debacle nacional? Las opiniones son divididas. Lo que no podemos negar es que nuestro país se encuentra atrapado en un círculo vicioso de desigualdad, bajo crecimiento económico, pobreza y, como consecuencia, inseguridad. Somos la decimocuarta economía del mundo y, sin embargo, cincuenta y cinco millones de mexicanos viven en la penuria. Aun así, estoy convencido de que, con el enorme potencial de México para desarrollar ciencia e ingeniería propias, y su impacto directo en la economía, podemos salir adelante y estar mucho mejor.

En lo personal, mientras tenga la posibilidad de aportar o contribuir, seguiré con el firme compromiso de servir a la ingeniería y a México. Como dijo José María Morelos, «me tendré por muy honrado con el epíteto de humilde siervo de la nación».

Solo cabe progresar cuando se piensa en grande, solo es posible avanzar cuando se mira lejos, decía Ortega y Gasset y recordando al hombre de la mancha: Creer en un sueño imposible, porque tengo que ser fiel a tan noble ideal y luchar por un mundo mejor.

Y el pergamino decía: «Como reconocimiento público a un distinguido ingeniero que ha dedicado su vida al desarrollo de nuestro país y nuestro gremio».

El ingeniero Javier Jiménez Espriú pronunció el siguiente mensaje:

Agradezco a la Asociación de Ingenieros Universitarios Mecánicos Electricistas, mi querida AIUME y en particular a su presidente, el ingeniero Jordi Messeguer, el honor de ser yo quien presente al doctor en ingeniería Salvador Landeros Ayala, como Premio AIUME a la Excelencia Profesional 2015.

He tenido la fortuna de acompañar a la AIUME, esta benemérita agrupación, desde su fundación hace ya más de cincuenta años y la entrega de su Premio a la Excelencia Profesional desde su establecimiento en 1993.

En aquel primer año, en el que se concedió al querido maestro Jacinto Vaqueira Landa, expresé: «Este premio se entregará cada año a un ingeniero distinguido por sus valores, no solo en el horizonte de su especialización, sino en todos los que complementan necesariamente la excelencia profesional: valores de alto reconocimiento en lo técnico, en lo moral, en lo ético, en lo intelectual, en lo cultural, en lo político; a un profesional de la ingeniería mecánica y eléctrica que ha superado los méritos en la electricidad o en la mecánica, para destacar los valores del hombre, del ciudadano, del ser universal». Y agregué: «y ha decidido conferir su primer reconocimiento al ingeniero Jacinto Viqueira Landa, con lo que se compromete a distinguir con esta presea solo a personas de su nivel, con lo que marca una cota de excelencia, para su Premio a la Excelencia».

Fiel a este propósito, nuestra asociación ha sido escrupulosa en la selección de los premiados, cuidadosa en la aceptación de candidatos que cumplan estos principios, orgullosa de aceptar solo méritos indiscutibles, para reconocer a profesionales destacados en su disciplina y sensibles a todo lo demás, imbuidos por el pensamiento de don Justo Sierra, cuando advertía en su discurso de inauguración de la Universidad Nacional de México: «Nosotros no queremos que en el templo que se erige hoy, se adore una Atenea sin ojos para la humanidad y sin corazón para el pueblo».

Hoy toca a Salvador Landeros Ayala, ser investido con el galardón.

Siempre es grato presentar a un personaje que por sus méritos es distinguido por sus pares, con un reconocimiento como el que la AIUME otorga cada año a uno de sus miembros de mayor valía. Pero lo es más, cuando el recipiendario de tal honor es una persona con quien, por un afortunado cruce de caminos, desde hace ya cerca de cuatro décadas, se ha recorrido un largo trayecto en el que se han presentado retos extraordinarios para el desarrollo del país y de su Universidad Nacional y en el que se han compartido lo mismo logros que frustraciones, proyectos y propósitos, valores y compromisos, preocupaciones y convicciones, ideales y realizaciones.

Me ha tocado vivir con Salvador Landeros, diversas responsabilidades, tanto en el sector público como en la actividad universitaria. Conozco a nuestro homenajeado por su obra y sus acciones en forma personal. He sido testigo y beneficiario de su dedicación profesional.

Sé por todo ello, que se trata de un profesional de excelencia que cumple plenamente con los requisitos que nuestro Premio a la Excelencia que hoy se le entrega, exige.

Sé igualmente que quienes hoy nos acompañan y que han estado vinculados con el doctor Landeros como sus jefes, sus compañeros, sus colaboradores, sus alumnos, sus amigos, conocen sus calidades y sus cualidades.

Por ello no haré el extenso recorrido de toda su vida profesional. Las fechas, los cargos desempeñados, los cursos impartidos, las tesis dirigidas, los libros escritos, los artículos y los trabajos publicados, las conferencias impartidas en múltiples países, las asesorías nacionales e internacionales, los proyectos de investigación, su fecunda participación en consejos, comités y comisiones académicas y en cuerpos colegiados, sus luchas permanentes, motivos todos del reconocimiento que hoy recibe, son un cúmulo tal, que no hay tiempo para abordar aquí. Me limitaré a mencionar solo algunos, para dar entrada a un par de reflexiones y recuerdos personales relevantes sobre hechos que considero adornan una vida rica y trascendente y justifican con largueza la distinción que se le otorga.

Señalo sin embargo que su vida profesional, que se inicia con sus estudios de licenciatura en Ingeniería Mecánica y Eléctrica en la Facultad de Ingeniería y que culminan con una maestría en ciencias en la Universidad de Pennsylvania en los Estados Unidos y el doctorado en comunicaciones, nuevamente en nuestra facultad, orienta su vocación primigenia a la academia, como profesor, en la que ha dictado cátedra por más de treinta y cinco años y ocupado cargos académico—administrativos relevantes en la Facultad de Ingeniería, es, con algunos paréntesis dedicados, en el ejercicio de su profesión, al servicio de México —sin abandonar nunca sus labores docentes—, o la desarrollada en sus sabáticos en la Universidad Politécnica de Madrid, una cadena de responsabilidades universitarias que ha desarrollado sin apartarse un ápice de principios éticos sin concesión, y que han sido coronadas sin excepción por el éxito y el reconocimiento general.

Salvador, estudioso permanente de los avances de su disciplina profesional, es ejemplo también de perseverancia en el estímulo a los demás. De ahí su reconocimiento como profesor y el respeto de una pléyade de profesionales que se enorgullecen de haber sido sus alumnos en la cátedra y de ser sus discípulos en la profesión y en la vida.

Una vida entregada a la educación de la juventud mexicana, participando activamente en la formación de los futuros ingenieros de México y convencido de la importancia de la participación de los ingenieros en el desarrollo de la sociedad, convocándolos al empleo de sus conocimientos tecnológicos no como fin profesional, sino como arma y herramienta extraordinarias en beneficio de la sociedad; como elementos de satisfacción y de realización personales, sí, pero esencialmente como arsenal para posibilitar su colaboración al mejoramiento de la comunidad, para la satisfacción de las necesidades de los hombres, el mejoramiento de la vida de las comunidades y en casos como el nuestro, el de un país agobiado por las diferencias, la corrupción y la injusticia, para el rescate de los seres humanos que viven en condiciones infrahumanas de miseria, de hambre, de libertad y de dignidad. Que se trata de una combinación de enriquecimiento intelectual personal y de generosidad en la entrega de esfuerzos, conocimientos y logros en beneficio de los demás.

Una vida dedicada igualmente al desarrollo tecnológico y a la defensa de la tesis de su importancia como elemento de supervivencia nacional.

Actualmente profesor titular «C» de tiempo completo en la Facultad de Ingeniería, Salvador vive la satisfacción enorme de todo maestro que siente en los éxitos de sus alumnos el logro de sus realizaciones personales.

Igualmente fructífera que en la cátedra ha sido su actuación en las organizaciones gremiales y científicas en las que participa y en las que ha hecho una labor fundamental: en la AIUME, que hace años presidió y que hoy lo distingue, en la Asociación de Ingenieros y Arquitectos de México y en la Red Nacional del Hidrógeno que también presidió; en el Colegio de Ingenieros Mecánicos Electricistas, en la UMAI, la AMICEE o en la Academia de Ingeniería.

Del baúl de mis recuerdos, quiero recatar para ustedes un par de momentos que ratifican la estatura de Landeros como profesional de excelencia, uno ocurrido cuando coincidimos en el sector público y el otro cuando ingresó como miembro de la Academia de Ingeniería.

En los ochenta, a través de la Secretaría de Comunicaciones y Transportes, México se disponía a colocar en el espacio sus dos primeros satélites de comunicaciones: el «Sistema Morelos», proyecto del que yo era responsable. El doctor Landeros había aceptado colaborar como director de Satélites Nacionales y en ese cargo formó un grupo de jóvenes ingenieros e ingenieras, recién egresados de la escuela que fueron preparados en un programa que él organizó y llevó a buen fin, para el futuro control, operación y explotación de los satélites en el espacio para con ello alcanzar nuestra independencia tecnológica y política en ese campo.

Ya en su posición el satélite Morelos I, Landeros me propuso modificar el lanzamiento del Morelos II —que iba a estar en su posición orbital durante algunos años, solo en reserva, como sistema redundante—, con objeto de dejarlo en una posición tal que las fuerzas gravitacionales lo llevaran en tres años a su posición geoestacionaria de operación, en lugar de hacerlo con el procedimiento normal previsto, con el uso de un segundo cohete impulsor.

Con ello —me explicó— se ahorraría el combustible del segundo impulso, lo que nos daría mayor disponibilidad temporal para su posterior control en su posición, prolongando así su vida útil algunos años —ya que ella dependía del combustible existente—, con lo que además se obtendría una rentabilidad extraordinaria que no se lograba en el proyecto original. «Esto —me dijo—, es una propuesta de los jóvenes ingenieros que laboran conmigo, pero para lograrlo, es necesario que la NASA autorice un cambio en el horario del lanzamiento del transbordador, y que este se haga, según los cálculos hechos por nuestros ingenieros, no en la mañana del día previsto, sino en la noche de ese mismo día».

Entusiasmado por la propuesta, emprendimos una difícil pero exitosa negociación con la NASA, para la modificación del lanzamiento. Por indicaciones del doctor Landeros, me acompañó a Washington nuestro joven experto de veinticinco años, que había participado en la idea y en los cálculos correspondientes. Luego de que los técnicos de la NASA, reacios en un principio, confirmaron que todos los cálculos de dinámica orbital hechos por nuestros jóvenes ingenieros eran precisos y el proyecto viable, aceptaron nuestra solicitud y se llevó a cabo con gran éxito el primer lanzamiento nocturno, que fue maravilloso y en el que acompañó al Morelos II, nuestro flamante Premio Nacional de Ingeniería 2015, Rodolfo Neri Vela, quien hoy nos acompaña. La vida del satélite «Morelos II», que debía extinguirse en 1995 continuó vigente diez años más de lo previsto, con lo que el país pudo ingresar a sus arcas varias decenas de millones de dólares, convirtiendo un proyecto técnicamente correcto, pero económicamente justo, en un éxito financiero total.

La confianza del doctor Landeros en la capacidad de la juventud preparada, para enfrentar exitosamente grandes retos tuvo, no solo una ratificación contundente, sino la prueba palpable de la calidad en la formación de la juventud talentosa, que es, como Landeros esgrime con insistencia, donde está la salida del oscuro túnel de las dificultades nacionales.

Paso al segundo momento: el del ingreso de Salvador Landeros a la Academia de Ingeniería. Presentó un trabajo, desde luego, sobre comunicaciones espaciales, como activo gestor del desarrollo del sector espacial en México e impulsor permanente de organismos especializados; como uno de los principales y tenaces integrantes del grupo que promovió la creación de la Agencia Espacial Mexicana; como heredero legítimo del sueño de Julio Verne por la conquista del espacio.

Sí, la vida profesional de Salvador Landeros y la de las telecomunicaciones nacionales con satélites propios, son una y la misma. Todos los pasos dados, desde 1982 hasta la fecha en las comunicaciones espaciales nacionales, tienen la huella primero o la vigilante mirada después, de nuestro homenajeado.

En su espléndido trabajo de ingreso a la Academia de Ingeniería, se puede constatar, aunque su modestia oculta su papel protagónico, que en todo lo que se ha llamado «los treinta años de México en el espacio», ha estado presente sin alarde alguno, su ojo tutelar. Decía Oscar Wilde que «revelar el arte y ocultar al artista es el fin del arte».

Landeros nos recuerda, en un recorrido por los más de cuarenta años de experiencias mexicanas, documentado, crítico, detallado, entre otras muchas cosas, que creamos la Comisión Nacional del Espacio Exterior en 1962 y la disolvimos en 1967, que organizamos el Instituto Mexicano de Comunicaciones en 1985 y lo cerramos seis años después, o que se estableció el Programa Universitario de Investigación y Desarrollo Espacial en 1992 en la UNAM y se canceló en 1997 y que frente a todos estos acontecimientos no contamos con respuestas para ningún «¿por qué?», por lo que urge a replantearnos muchas cosas de fondo.

La historia relatada por Landeros es un recuento de éxitos frustrados, que prueban por una parte nuestras grandes capacidades y por la otra nuestras preocupantes y frívolas inconsistencias.

Porque ha sido frívolo desentenderse del desarrollo científico y tecnológico en la era del conocimiento; porque ha sido frívolo ignorar nuestras deficiencias educativas; porque ha sido frívolo cancelar las oportunidades de progreso, al alcance de nuestras capacidades intelectuales, por el capricho o la ignorancia de los gobernantes.

Es un grito de alerta en la búsqueda del tiempo perdido.

«La vida es quehacer y la verdad de la vida —decía Ortega y Gasset—, la vida auténtica de cada cual, consistirá en hacer lo que hay que hacer y evitar el hacer cualquier cosa».

En cambio, la frivolidad en el hacer es causa de todos los males de la moderna sociedad y aquellas naciones que, como la nuestra, han sumado —a veces más frecuentemente de lo resistible— esa frivolidad al peso a menudo grande de sus problemas ancestrales y de sus enormes retos presentes y futuros y a los desafíos mayúsculos que plantean las condiciones externas en que el mundo se debate, deben plantearse el deber de la reconsideración.

Porque ha sido irresponsable cancelar las oportunidades de progreso, cuando nuestra sociedad padece de pobreza en la mayoría de sus habitantes.

Cuando una parte fundamental de las propuestas del trabajo de ingreso del doctor Landeros, es un reencuentro con éxitos pasados ante las condiciones del presente y las exigencias del porvenir, está haciendo un llamado a la búsqueda de ese tiempo perdido, a tratar de cancelar la hipoteca con que hemos grabado el futuro de nuestros descendientes y a hacer un profundo examen de conciencia colectivo sobre el país que queremos lograr, a aceptar un mea culpa sobre nuestras debilidades anteriores, sobre nuestros pecados de culpa o de omisión, a retomar algunas sendas de progreso que nunca debimos abandonar y a emprender los nuevos caminos que conducen al bienestar social.

Las limitantes en el desarrollo tecnológico en el área de las telecomunicaciones y que colocan a nuestro país en clara desventaja en el contexto internacional, no solo estrechan el campo de acción de los ingenieros —que debiera ser exactamente lo contrario ante las condiciones del futuro que Landeros pregona—, sino que tocan y esto es lo esencial, el ser y la manera de ser de toda la sociedad. Su trabajo de ingreso a la Academia de Ingeniería se puede calificar como una minuciosa auditoría técnica, económica, ética y política del sector de las telecomunicaciones nacionales, fundamentales para el desarrollo de México.

La vida académica y gremial de Salvador Landeros, ha sido un permanente llamado nacionalista a la formación de personal de alto nivel, al aprovechamiento de nuestras capacidades demostradas, a la definición de nichos de excelencia en donde nos podemos desarrollar, a la consideración de la importancia insoslayable de la tecnología como herramienta de desarrollo, a la apreciación de las telecomunicaciones como la infraestructura fundamental de la comunicación entre los hombres, de la educación, de la salud, de la cultura, de la búsqueda de equidad social, de bienestar, de seguridad nacional, de democracia.

Estos dos recuerdos confirman para mí la vocación de nuestro homenajeado, positiva y activa ante las enormes posibilidades que la educación y el talento de la juventud ofrecen y su posición crítica e igualmente propositiva, ante las inconsistencias de nuestra realidad; ante los contrastes de los inmensos recursos y las enormes necesidades de nuestra sociedad; su labor consistente en la enseñanza y su dedicación permanente para estimular la ciencia y la tecnología como elementos fundamentales para un futuro mejor para México.

Estimados amigos:

Repito, lo que ya he dicho en ocasiones como esta:

Un gremio se honra, cuando honra a uno de los suyos, que por méritos ha accedido al privilegiado lugar de los mejores.

Sé que Salvador recibe este reconocimiento con la humildad que le es característica; yo estoy cierto, me consta, que su actuar siempre ha estado a la altura del honor que hoy se le otorga.

Qué bueno que nuestra ya cincuentenaria Asociación lo hace hoy en la persona de Salvador Landeros, en un acto que, además de justiciero, adquiere una significación especial por las circunstancias en las que estamos viviendo en este momento particular, en que «México está desgarrado en su piel externa» y «el pueblo está quebrado a la mitad por la pobreza, la memoria y la esperanza» —los describo con palabras de Fuentes—, en el que debe subrayarse la importancia de la cruzada por nuestros valores, por nuestros principios y por nuestros haberes, que debe ser más valiente, más ardua, más evidente y más efectiva.

Cuando sabemos, y aquí recurro a la sentencia de Gabriela Mistral, «que todo el desorden del mundo viene de los oficios y las profesiones mal o mediocremente servidos», «político mediocre, educador mediocre, médico mediocre, sacerdote mediocre, artesano mediocre, esas son —nos decía— nuestras calamidades verdaderas».

Cuando las grandes decisiones nacionales ponen en duda la capacidad propia para resolver nuestros problemas y específicamente la de la ingeniería mexicana, y por ende el talento de los ingenieros mexicanos, tantas veces y en tantas formas demostrado.

Severa advertencia para quienes suponen que hay que compartir nuestros recursos porque piensan que no podemos nosotros, con estudio, talento, decisión y trabajo, hacer las cosas que necesitamos.

Para ratificar así, que hoy menos que nunca debemos cejar en nuestra lucha por la educación y la cultura que es la lucha por la libertad, y en la defensa de la universidad pública, y del patrimonio, de la soberanía y de la independencia nacionales.

De ahí la importancia en reconocer la Excelencia Profesional.

De ahí la trascendencia de otorgar un Premio que es a la vez reconocimiento para uno de los nuestros y reconvención al gremio todo por lo poco efectivo de nuestro esfuerzo ante el estado de nuestra comunidad.

Sí, por todo lo que representa, reitero mi felicitación a la AIUME por el otorgamiento del Premio a la Excelencia Profesional al doctor Landeros y por mantener esta designación en los más altos niveles de independencia y dignidad, de justicia y de reconocimiento cabal; libre de compromisos, favores y presiones políticas.

Qué espléndido ejemplo da, qué estimulante y qué educativo para las nuevas generaciones el saber que se reconoce lo verdadero, sin pompas ni oropeles; sin adornos ni rituales ostentosos, sin inventar virtudes ni ocultar debilidades. Que se respeta lo respetable.

Que es solo la autoridad moral, la intelectual, la ética, la cultural, la que trasciende, la que es respetable, la que es digna de un homenaje como este.

Salvador: ha sido para mí un privilegio haber compartido contigo muchas importantes responsabilidades profesionales y gozar de tu amistad, para mí entrañable y ahora el haber sido designado por el presidente de la AIUME para dirigir estas palabras.

Te felicito, debes sentirte muy satisfecho por la merecida distinción que te otorgan tus colegas de profesión y además y especialmente porque el Premio te lo entregue, honrando a la AIUME, el rector de la Universidad Nacional. Termina mensaje.

Por otro lado, el pergamino del Premio Nacional de Ingeniería 2016 decía: En reconocimiento a su distinguida trayectoria profesional y contribución al país, en beneficio del desarrollo nacional.

Y mi querido amigo Rodolfo Neri pronunció las siguientes palabras:

El doctor Salvador Landeros Ayala es un claro ejemplo de lo que un ser humano puede lograr en su profesión propia, a base de esfuerzo, perseverancia y amor a su trabajo.

Me considero afortunado de haberlo conocido hace cerca de cuarenta años, cuando los dos éramos jóvenes profesores en la Facultad de Ingeniería de la UNAM. Recuerdo que nuestro primer encuentro fue en algún desayuno para coordinar uno de los muchos cursos que posteriormente los dos daríamos en la División de Educación Continua, en diversas aulas de este histórico y majestuoso Palacio de Minería.

Desde entonces inició una sólida amistad que ha ido fortaleciéndose a través de los años. Hemos recorrido varios senderos juntos, a veces contra la corriente, pero en la mayoría de los casos hemos vivido experiencias profesionales que nos han llenado de satisfacción y marcado para siempre.

Como tantos ingenieros sobresalientes de nuestros días, él nació en la antes llamada «provincia mexicana», en un pequeño pueblo llamado San Juan del Río, en el estado de Querétaro. Hoy es una importante ciudad, bien urbanizada y con una pujante industria. Pero en los años cincuenta y sesenta, en ese apartado lugar no había una sola escuela preparatoria.

Al terminar la secundaria, además de ayudarle con esmero a su padre en la tienda de abarrotes que sostenía a la numerosa familia de once hijos, el joven Salvador tomaba el camión muy temprano para ir hasta Querétaro, la capital, para poder cursar la preparatoria. En la tarde, regresaba a su pueblo, a trabajar, hacer la tarea y soñar con el futuro, y así sucesivamente, día a día.

Desde entonces, ese joven talentoso mostraba un particular interés por las matemáticas, y poco a poco alguna voz le dijo al oído que debía estudiar ingeniería.

Lejos de sus padres y hermanos, el inquieto Salvador llegó a la inmensa ciudad de México, pues logró ser admitido en la Facultad de Ingeniería de la UNAM para iniciar su misión, su largo camino, siempre con la convicción, dedicación y responsabilidad de que debía salir adelante, sin importar las penurias o los obstáculos.

Además de la gloriosa ESIME del IPN, que le ha dado tantos ingenieros brillantes al país, la Facultad de Ingeniería de la UNAM era la Meca, por decirlo así, para muchísimos jóvenes de México, y aún de Centro y Sudamérica...

Vivió en casas de huéspedes, como muchos estudiantes foráneos de su época... Es probable que algunos de sus compañeros se hayan referido afectuosamente a él, en varias ocasiones, como «el Querétaro», pues así se estilaba en aquellos añorados tiempos de nuestra juventud universitaria.

Luchador incansable, decidido y seguro de sí mismo... Primero fue ayudante, después profesor, ejecutivo en Telmex, empresario... Un buen día decide acertadamente que debe ir a los Estados Unidos, a estudiar su maestría en ciencias, en la Universidad de Pennsylvania. Allí conoce al primer y gran amor de su vida: la teoría electromagnética... y aprovecha para comprender los secretos y las aplicaciones de la propagación de las ondas a través de la atmósfera.

Regresa a México con su resplandeciente y bien ganado certificado, y continúa entregándose con ahínco a la docencia y a la ingeniería práctica, siempre buscando la excelencia, misma que ha alcanzado en todos los proyectos y retos que su destino le ha ido planteando.

Y fue en alguno de esos momentos cuando su camino y el mío se cruzaron.

Salvador y yo hablamos el mismo lenguaje técnico, ya que ambos hemos trabajado en el campo de las microondas, las antenas y las comunicaciones por satélite.

A lo largo de su brillante carrera, él ha dirigido cuarenta tesis, publicado docenas de artículos en revistas nacionales e internacionales, e impartido cientos de cursos de ingeniería, de dieciséis materias diferentes, tanto en licenciatura como en posgrado, además de múltiples cursos de educación continua en este maravilloso Palacio.

Una buena parte de su alma la ha entregado generosamente a nuestra Máxima Casa de Estudios, ocupando cargos administrativos de alta responsabilidad en paralelo al cumplimiento de sus actividades académicas.

Bien podría ser un digno «Guardián del Tiempo» en alguna historieta de ciencia ficción, pues tiene la virtud de multiplicarse para realizar numerosas y variadas tareas cada veinticuatro horas. México sería un país diferente si tuviésemos muchos Salvadores Landeros Ayala.

Pero la virtud anterior a veces ha sido adversa con nuestro homenajeado, porque lamentablemente abundan las personas mediocres y negativas, que han encontrado un cómodo refugio en sus lugares de trabajo, o debería yo decir de esparcimiento y simulación, y que no están dispuestos, o dispuestas, a sacrificar esa zona de confort donde hibernan por largos períodos, para seguir las locuras de un intrépido y tenaz guerrero que quiere innovar y mejorar algún sistema o institución.

Estoy seguro de que varios de los aquí presentes, especialmente mis contemporáneos, también hemos experimentado, en ciertas facetas de nuestras vidas, la envidia, la difamación y el rechazo a la razón.

Esto me hace recordar aquellos viejos tiempos en que la Secretaría de Comunicaciones y Transportes, SCT, a mediados de los años ochenta, llevaba a cabo la ejecución del sistema de satélites Morelos. No todos apoyaban la inversión que el país había hecho para mejorar nuestras telecomunicaciones y brindar una gama de servicios que hoy son indispensables. Mentes retrógradas de diversos rincones y cavernas vociferaban en contra de los satélites Morelos, incluyendo, irónicamente, a algunos intelectuales y cáusticos especialistas en ciencias políticas.

¿Cuándo entenderemos los mexicanos que solo unidos podremos sacar adelante a nuestra dolida patria?

Hoy, muchos desdeñan el verdadero significado del patriotismo y el amor a nuestra tierra, como si se tratase de algo maligno y del pasado, porque, según ellos, el mundo se ha «globalizado» y todo lo que hemos ganado y aprendido de nuestra historia ya no vale nada.

Alejarse del patriotismo, en su verdadera dimensión, es el mayor pecado que un pueblo puede cometer. Lo que une e identifica a la gente de una nación son su idioma, su música, sus costumbres, su bandera... En fin, toda esa cultura acumulada durante siglos, que algunos entreguistas quieren pisotear por sus propios intereses de contubernio con países extranjeros.

Existen las fronteras, los muros, los pasaportes y las visas; el comercio, las monedas y las devaluaciones... No nos dejemos engañar con espejitos y promesas mentirosas de que las cosas serán idílicas dentro de veinte, treinta o cuarenta años, cuando vemos que la corrupción ha llegado a su punto máximo de putrefacción, y que la impunidad descarada y cínica sigue prevaleciendo en nuestra patria, con uno que otro simulacro fugaz de rectitud.

Licitaciones y concursos sin credibilidad, contratación de empresas fantasmas... Esta nueva clase de depredadores es insaciable.

Como resultado, los errores de quienes gobiernan irresponsablemente condenan a cientos de miles de connacionales, desde campesinos y gente humilde, hasta doctores y especialistas, a la migración. Muchos de los problemas que hoy aquejan a los mexicanos, dentro y fuera del país, se deben a la exagerada desviación de recursos y al uso criminal de los cargos públicos.

¿Con qué autoridad moral pueden esos personajes acusar de crueldad a nuestro vecino del norte, mientras aquí se protege a gobernadores desquiciados, cuyas acciones fraudulentas han llevado a la violencia y a la muerte a miles de personas inocentes?

¿Y qué decir del desprecio de nuestros últimos presidentes hacia la ingeniería mexicana, con consecuencias catastróficas para nuestra economía y nuestra identidad nacional, como el saqueo de Pemex y la reciente quiebra de ICA, empresas que antes eran símbolo de orgullo de todos nosotros?

Muestra de ese desdén gubernamental es el hecho de que, desde hace treinta años, no hemos tenido ningún ingeniero a la cabeza de la SCT. Innumerables aprendices con estudios en otras disciplinas han llegado a improvisar, socavar y debilitar la eficacia de una institución vital para la vida nacional. El último ingeniero hasta la fecha que ha tenido el privilegio y el honroso encargo de despachar patrióticamente como secretario fue el ingeniero Daniel Díaz Díaz, aquí presente, y para quien solicito un caluroso aplauso como reconocimiento a su labor.

Día del Abogado, Día de la Marina, Día del Médico, Día del Maestro... Siempre acude el presidente de la república, para recibir pleitesía, rodeado de rituales ostentosos y parafernalia oficial, sin derecho a ningún reclamo de la sociedad amordazada que asiste.

Disculpen que mis palabras no sean políticamente correctas, pero los tiempos no están para comentarios zalameros, frívolos y huecos. Lo cierto es que, por sus actos, el presidente en turno, desde hace varios años, ha demostrado que el Día del Ingeniero no amerita su real y distinguida presencia... Más claro ni el agua...

Creo que todos los gremios, asociaciones y escuelas de ingeniería deberían unirse para exigir con energía que quien dirija la SCT deba ser un ingeniero, así como todos los subsecretarios... Y si no escuchan, cuando menos que a cambio, como un absurdo trueque de compensación, nombren a un ingeniero como secretario de Salud, siguiendo la lógica distorsionada e incongruente de la clase política en el poder.

Aquí, los jóvenes, los llamados milenials, y quienes les sigan, tienen una gran responsabilidad y obligación con la sociedad. Deben participar y usar las redes sociales constructiva y positivamente, ayudando a que la democracia sea realmente plena y efectiva. Deben ir a votar, sin inventar excusas... Porque lo más triste y alarmante, de acuerdo con informes recientes, es que el flagelo apocalíptico de la corrupción y el desvío de recursos ya penetró las paredes de ciertas universidades públicas controladas por el sistema oficial.

Después de este dulce sabor de boca, mejor tomemos un profundo respiro, para dejar estas reflexiones críticas e incómodas, y regresar al asunto de los satélites Morelos que comentábamos hace algunos minutos.

Debemos reconocer que el proyecto, a pesar de aquellas voces opositoras y de adversarios ocultos y enmascarados, fue desarrollado cabalmente y con mucho éxito, gracias al profesionalismo conjunto del ingeniero Daniel Díaz Díaz, el ingeniero Javier Jiménez Espriú —quien era subsecretario de comunicaciones y desarrollo tecnológico— y el entonces maestro en ciencias Salvador Landeros Ayala como director del Sistema de Satélites Nacionales.

En septiembre de 1985, hace treinta y dos años, yo estaba en Houston, en el Centro Espacial Johnson de la NASA, entrenándome para viajar al espacio en representación de México. Un día por la mañana, al salir de uno de los simuladores, me enteré con profunda tristeza del fatídico terremoto que sacudió como nunca a la Ciudad de México, llenando de luto a miles de familias, y dejando al corazón del país incomunicado del resto del mundo por varias horas.

Con ingenio inmediato de verdadero ingeniero, Salvador Landeros Ayala y su equipo lograron implementar un canal telefónico desde Iztapalapa, donde se encontraba el Centro de Control de Satélites y que por fortuna había quedado intacto. Las centrales telefónicas de Telmex en el centro de la capital eran puros escombros, igual que las instalaciones de Televisa ubicadas en avenida Chapultepec.

¿Y qué decir del legendario edificio del Centro SCOP, legado arquitectónico de la ingeniería mexicana, que se había derrumbado sepultando a tantos jóvenes, mujeres y hombres, quienes ese día habían llegado, como de costumbre, a trabajar desde temprano?

Los ingenieros Díaz Díaz, Jiménez Espriú y Landeros Ayala, así como miles de mexicanos, dieron muestras de heroísmo, pues al día siguiente por la noche, al estar trabajando en la Torre de Telecomunicaciones para restablecer los servicios básicos, y de cierta forma poniendo su vida en riesgo, llegó la espantosa réplica que comenzó a bambolear el edificio.

Seguramente, la sorpresiva réplica fue aún más aterradora que la sacudida del día anterior, ya que terminó de desmoronar a varios edificios e intensificó el efecto psicológico, de dolor y de pánico en toda la población, cuando las labores de rescate apenas comenzaban a rendir frutos. La gente lloraba y de rodillas rezaba en las calles, esperando lo peor.

Imagino que Salvador, como devoto católico y miembro de una familia que le dio un hermano sacerdote a México, debe haberse encomendado a Dios en esos momentos... Momentos que seguramente parecieron eternos, por la tensión reinante y la visión fantasmal de tantos escombros a través de las ventanas de la Torre de Telecomunicaciones.

Sin embargo, la carta astral de Salvador señalaba que él debía continuar su misión por largos años en estas tierras, pues le esperaban muchos retos más y éxitos que hoy se ven coronados al recibir el Premio Nacional de Ingeniería Mecánica Eléctrica 2016, otorgado por el Colegio de Ingenieros Mecánicos y Electricistas, CIME.

Salvador Landeros Ayala recibió su doctorado en ingeniería de la UNAM y en varias ocasiones ha sido profesor visitante en la Universidad Politécnica de Madrid. En esta última institución, vanguardista en telecomunicaciones en Europa, se le respeta y se le admira, pues ha demostrado con creces su habilidad y sus conocimientos, poniendo siempre en alto el nombre de México.

Él ha sido coautor de varios libros, pero en lo personal, me siento muy satisfecho y halagado porque juntos, con la colaboración adicional de otros ingenieros, escribimos el libro de texto «Comunicaciones por Satélite», que hoy es lectura obligada en las escuelas de ingeniería de América Latina y España.

Por toda su brillante trayectoria profesional en los sectores público, privado y académico, después de competir con diecisiete otros aspirantes, quedó en primer lugar en la terna para dirigir la Agencia Espacial Mexicana, de la que él fue uno de los principales impulsores en los recintos legislativos, a pesar de que, en cierta ocasión, meses atrás, en el Palacio de San Lázaro, yo le había dicho que se abriría una Caja de Pandora... La tarjeta enviada al presidente de la república con su nombre en primer lugar llevaba el visto bueno del entonces secretario de la SCT, Dionisio Pérez—Jácome... Pero, sucede que a veces nadie sabe para quién trabaja, y para variar y como se acostumbra en nuestro anquilosado e injusto sistema político actual, las fuerzas intrigantes del mal madrugaron y susurraron en Los Pinos, donde los intereses de terceros generalmente se imponen, sin importar el derrotero azaroso de la nación y sus instituciones.

No obstante, Salvador ha continuado sin cesar con su labor para engrandecer a México y a la honrosa profesión de la ingeniería.

Hoy es presidente de la Unión Mexicana de Asociaciones de Ingenieros, UMAI, y sin duda nos sorprenderá con el impulso que le dará a diversos proyectos durante su gestión gremial.

Incansable defensor de la ciencia, la tecnología y el progreso, en dos ocasiones ha sido miembro de la terna para la designación de director de la Facultad de Ingeniería de la UNAM. Es difícil predecir la meteorología universitaria, pero yo espero que la próxima vez haya una espectacular conjunción cósmica que anuncie en el firmamento el momento anhelado por profesores y alumnos, esperando un nuevo renacimiento en esta era de la cuarta revolución industrial... Estoy seguro de que, si los dioses así lo deciden, el doctor Salvador Landeros Ayala, al timón por el promisorio océano de las oportunidades, la innovación y el desarrollo tecnológico, con dedicación y compromiso, sería uno de los mejores directores de este siglo XXI, llevando a nuestra querida facultad, y por ende a la UNAM, a un mayor nivel de excelencia, dinamismo y presencia internacional.

México es un país mágico... Su gente es noble, incansable y generosa... A pesar de tantos errores de gobernantes y funcionarios sin escrúpulos, México ha seguido en pie... Por eso es mágico.

Pero no podemos seguir rezagados, sumergidos en la mediocridad, la falta de transparencia y la ineficacia en proyectos onerosos, que se eternizan y que nunca son llevados a buen fin. Necesitamos muchos Salvadores Landeros Ayala, que literalmente nos salven de este desastre nacional, y por ello me siento muy honrado y orgulloso de ser su amigo y colega.

Felicidades, Salvador, no solamente por tu admirable trayectoria como ingeniero, que te hace merecedor de este Premio Nacional, sino también por tener una extraordinaria y hermosa familia, aquí presente... Alma, Alejandra, Salvador y Guillermo deben estar muy orgullosos de ti... Enhorabuena, que sigas cosechando muchos éxitos y satisfacciones en el futuro.

Escuchar estas palabras, provenientes de colegas, maestros y amigos a quienes admiro profundamente, me compromete aún más con las causas que han guiado mi vida profesional. Recibir un reconocimiento es, en efecto, motivo de orgullo, pero también de humildad y responsabilidad. Porque en el fondo, todo reconocimiento es también un ejercicio de reconocerse: de mirarse en el otro, de saberse parte de una comunidad de esfuerzo, de ideales compartidos. Lo asumo no como un punto de llegada, sino como una nueva exigencia: seguir trabajando con la misma convicción y entrega por la ingeniería, por la educación y por México. A todos los que han compartido conmigo este camino, les agradezco su confianza, su amistad y, sobre todo, su ejemplo. Todo ello me comprometía cada vez más a servir a los gremios de la ingeniería como asociaciones, uniones y colegios.

Actividades gremiales

Mi interés por los gremios de la ingeniería surgió desde los inicios de mi vida profesional, pues siempre he creído que los ingenieros debemos organizarnos para contribuir, de manera colectiva, al fortalecimiento de la ingeniería y al desarrollo de México.

Me sentía plenamente identificado con los lemas de diversas organizaciones: Por México, Ingeniería y Espíritu; La Ingeniería, Patrimonio de la Nación; La Visión de la Ingeniería sobre el Proyecto de Nación; y el de la AIAM: fundada en 1868; Aprovechando el Potencial y la Unidad de la Ingeniería para Acelerar el Crecimiento del Continente, entre otros.

No es común haber sido presidente de cinco organizaciones de gran prestigio, vicepresidente de otras dos y secretario de tres más, todas distintas entre sí. En total, he ocupado cargos directivos en diez agrupaciones gremiales, además de ser miembro de la Academia Panamericana de Ingeniería (API), del Consejo Ejecutivo de la Federación Mundial de Organizaciones de Ingenieros, de la International Astronautical Federation; de la Sociedad de Exalumnos de la Facultad de Ingeniería, del Institute of Electrical and Electronics Engineers (IEEE) y del American Institute of Aeronautics and Astronautics (AIAA).

Fui presidente de la Asociación de Ingenieros Universitarios Mecánicos Electricistas (AIUME), de la Unión Mexicana de Asociaciones de Ingenieros (UMAI), de la Asociación de Ingenieros y Arquitectos de México (AIAM), de la Unión Panamericana de Asociaciones de Ingenieros (UPADI) y de la Red Nacional del Hidrógeno (RNH). También ocupé la vicepresidencia en el Colegio de Ingenieros Mecánicos y Electricistas (CIME) y en la Federación de Colegios de Ingenieros Mecánicos y Electricistas (FECIME), además de haber sido secretario de Asuntos Técnicos y Científicos en la Asociación Mexicana de Ingenieros en Comunicaciones Eléctricas y Electrónica (AMICEE), secretario titular del Colegio de Ingenieros en Comunicaciones y Electrónica (CICE) y secretario de la Coordinación de Enseñanza en la Academia de Ingeniería (AI).

Guardo grandes recuerdos de todas esas etapas: trabajo intenso en los tiempos libres, actividades enriquecedoras y participaciones relevantes en cada una de estas organizaciones. Fueron años llenos de eventos técnicos, entrega de reconocimientos, reuniones nacionales e internacionales, congresos, propuestas de políticas públicas, talleres y encuentros sociales. Una lista inagotable de experiencias que sería imposible detallar en su totalidad.

Quisiera destacar el privilegio que tuve de entregar el Premio AIUME a la Excelencia Profesional al ingeniero Eugenio Méndez Docurro; así como los premios nacionales de arquitectura e ingeniería a los arquitectos Ricardo Legorreta y Teodoro González de León, y a los ingenieros Daniel Reséndiz Núñez y Gerardo Ferrando Bravo, respectivamente. Todavía conservo copia de las cartas que recibí de los arquitectos Legorreta y González de León, las cuales se muestran a continuación:

Dr. Salvador Landeros Ayala
Presidente 2010—2012
Asociación de Ingenieros y Arquitectos de México, A.C.
Presente
Muy estimado Salvador:

Por la presente quiero agradecer una vez más el gran honor de haberme sido conferido el Premio Nacional de Arquitectura 2009.

Ha sido para mí una gran satisfacción que significa una responsabilidad para seguir trabajando a favor de la arquitectura mexicana.

Te ruego le hagas extensivo mi agradecimiento a todos los miembros del Comité Ejecutivo y en particular a ti quiero felicitarte por la excelente organización y solemnidad de la ceremonia.

A reserva de hacerlo personalmente te envío un afectuoso abrazo y mi amistad.

Ricardo Legorreta

Dr. Salvador Landeros Ayala
Presidente
Asociación de Ingenieros y Arquitectos de México, A.C.
Patronato de los Premios de Ingeniería
Estimado Dr. Landeros:

Es para mí un honor aceptar la propuesta que me han hecho los Consejos Directivos 2010—2012 del Colegio de Arquitectos de la Ciudad de México y la Sociedad de Arquitectos Mexicanos (CAM—SAM), para ser postulado por ambas instituciones como candidato al Premio Nacional de Arquitectura 2010, al que convoca la Asociación de Ingenieros y Arquitectos de México, A.C., a su digno cargo.

Muy atentamente,

Teodoro González de León

En esas fechas, tuve una reunión con Pedro Ramírez Vázquez, gracias a mi amigo Guillermo Cramer, para invitarlo a la ceremonia de entrega de los premios, y me dijo: «Déjeme pensarlo porque ya no quiero andar causando lástimas». Yo le dije que él no causaba ninguna lástima. En realidad, se le veía bastante bien, solo que ya andaba en silla de ruedas.

La importancia de estos premios radica en las notables personas que los reciben.

Basta mencionar algunos nombres para comprender su relevancia: Antonio Dovalí Jaime, José Antonio Padilla Segura, Bernardo Quintana Arrioja, Carlos Ramírez Ulloa, Fernando Hiriart Balderrama, Rodolfo Félix Valdés, Luis Enrique Bracamontes, Eugenio Méndez Docurro, Daniel Díaz Díaz, Fernando de Garay y Arenas, Leandro Rovirosa Wade, Luis Martínez Villicaña, Javier Jiménez Espriú, Gerardo Ferrando Bravo, Rodolfo Neri Vela, Carlos Slim Helú, Bernardo Quintana Isaac, Luis Esteva Maraboto, Pedro Ramírez Vázquez, Pedro Moctezuma Díaz Infante, Antonio Attolini Lack y José Francisco Serrano Cacho.

La lista completa de galardonados es aún más amplia e igualmente admirable: Ignacio Avilés Serna, Antonio Coria Maldonado, Manuel González Flores, Raúl Campos Rodríguez, Jorge Matute Remus, José Vicente Orozco y Orozco, José Villagrán García, Augusto H. Álvarez, Agustín Hernández Navarro, José María Gutiérrez Trujillo, Ramón Torres Martínez, Enrique Cervantes Sánchez, Francisco Serrano Cacho, Enrique Ortiz Flores... y muchas otras figuras destacadas de la ingeniería, la arquitectura, e incluso del ámbito religioso. Cada uno de ellos representa una faceta invaluable del legado profesional y humano de nuestro país.

La AIAM fue fundada en 1868. Es la organización gremial más antigua de América Latina.

Quisiera compartir con mis amables lectores las «Perspectivas» incluidas en el libro publicado por la Asociación de Ingenieros y Arquitectos de México, titulado Construyendo México:

La economía del conocimiento está provocando transformaciones profundas en el andamiaje social y en las relaciones que lo configuran. Cambios en el mercado laboral, efectos ideológicos y culturales, transformaciones institucionales y políticas, así como nuevas formas de relación entre el individuo y su entorno, son algunas de las consecuencias que esta nueva economía genera sobre las bases sociológicas e institucionales. En definitiva, hablamos de los efectos que la economía del conocimiento está teniendo en la construcción de la sociedad del conocimiento (Vilaseca y Torrent). Dicho de otro modo, esta economía implica modificaciones en la oferta —con nuevas formas de producción, trabajo, interacción entre empresas, modelos de negocio e innovación organizacional— y también en la demanda, con nuevas maneras de distribuir, consumir, invertir y financiar, además de alterar las relaciones internacionales, todo ello impulsado por el uso intensivo de las TIC y los contenidos digitales.

Este fenómeno es crucial porque el desarrollo de un país depende, en gran medida, del nivel educativo de su población y de su capacidad para generar tecnología. Las naciones que han alcanzado altos niveles de riqueza lo han hecho, principalmente, gracias a la ciencia, la ingeniería y la tecnología. Así lo confirman los indicadores: más del 67 % del Producto Interno Bruto mundial se concentra en países cuyas economías se sustentan en empresas de base tecnológica, y donde la inversión en I+D+i y en educación supera el 2 % del PIB. Estos factores resultan determinantes en la competitividad de empresas y países en la lucha por los mercados.

Cualquier problema que enfrente un país requiere de ingeniería o reingeniería: ya sea en el desarrollo industrial, las finanzas, la contratación pública, la obra civil, la seguridad, el comercio o la infraestructura. En todos los casos, el verdadero valor de la ingeniería reside en su función social.

Es importante destacar que las distintas revoluciones industriales han demostrado la estrecha relación entre ingeniería, tecnología e innovación. La primera revolución estuvo marcada por la mecanización, la máquina de vapor y la explotación de yacimientos de carbón y hierro, el desarrollo de nuevas industrias, lo que generó cambios profundos en la forma de vivir y trabajar, como la producción masiva y la migración del campo a la ciudad. La segunda, con figuras como Faraday y Maxwell y las ondas electromagnéticas, trajo consigo avances como la telefonía, la luz eléctrica, el automóvil y la radio. La tercera introdujo las energías renovables, la conversión de edificios en infraestructuras inteligentes, las ciudades inteligentes, un transporte más eficiente, las Tecnologías de la Información y la Comunicación, la computación y la automatización, muchas de las cuales aún están en proceso de consolidación.

Ahora, con la llegada de la cuarta revolución industrial, cobran protagonismo los sistemas físico—cibernéticos, combinados con tecnologías como la inteligencia artificial, el aprendizaje automático, el internet de las cosas y la computación en la nube. Estos avances están transformando el mundo a una velocidad sin precedentes, y su impacto se extenderá a todas las ramas de la ingeniería: la industria petrolera, el transporte, la construcción, las redes energéticas, el medio ambiente y la formación de recursos humanos. Incluso cambiarán los paradigmas en las carreras de ingeniería.

Particularmente en áreas como la construcción de carreteras, puentes, aeropuertos, presas, plantas generadoras de electricidad, ciencias de la tierra, telecomunicaciones, industria automotriz, aeronáutica, transporte público e industria en general, los efectos serán profundos. Con herramientas avanzadas de telecomunicaciones, ciencia e ingeniería de datos, el internet del futuro impulsará aplicaciones clave como las redes de energía inteligentes, hogares inteligentes, ciudades inteligentes, salud y transporte inteligentes. Por ejemplo:

La mayor compañía de hoteles no tiene ningún hotel.
La mayor compañía de coches no tiene ningún coche.
La mayor librería no tiene ninguna tienda.
La mayor de las escuelas no tiene ninguna aula.

La infraestructura actual del internet no será suficiente para atender las demandas del futuro. El crecimiento en el número de usuarios, la diversificación de aplicaciones, la escasez de ancho de banda y la complejidad en la administración del tráfico hacen evidente esta limitación. La convergencia de redes, objetos, contenidos, servicios, así como los temas de seguridad y privacidad, son los pilares sobre los que deberá sostenerse el internet del mañana y sus múltiples aplicaciones en los distintos sectores de la economía.

El manejo de información será clave para apoyar a los hogares inteligentes, favoreciendo el ahorro energético y la reducción de emisiones de CO_2, además de permitir una gestión más eficiente del agua y ofrecer mayores opciones de entretenimiento. En los edificios inteligentes, el monitoreo de temperatura, humedad e iluminación abrirá la puerta a una mayor seguridad frente a siniestros, a un consumo energético más bajo y, en consecuencia, a menores emisiones contaminantes.

En las ciudades inteligentes, tecnologías aplicadas al control del tráfico y a la recarga de vehículos eléctricos permitirán mejorar la movilidad urbana y reducir la huella de carbono. La gestión del alumbrado público, sincronizada con las horas solares, también contribuirá a la eficiencia energética. Asimismo, el manejo de residuos mediante tecnologías adecuadas mejorará la limpieza y la administración de la basura. En el ámbito de la salud, será necesario fortalecer la seguridad y la accesibilidad a los servicios médicos mediante la historia clínica digital, la receta electrónica, la digitalización de imágenes y la telemedicina. Los centros integrados de seguridad y emergencia —que coordinan a bomberos, policía y servicios sanitarios— también forman parte de esta visión de ciudad inteligente. Todo ello con un objetivo común: facilitar la vida cotidiana y preservar el ecosistema.

Estas nuevas tecnologías serán fundamentales para las labores de revisión, evaluación y restauración de edificaciones, vialidades e instalaciones afectadas por desastres naturales. También permitirán analizar y proponer mejoras en el aseguramiento de la calidad en la obra pública, mediante proyectos que privilegien la excelencia, la supervisión rigurosa y el cumplimiento de normas, siempre con apego a altos estándares de construcción y control.

La ingeniería y la tecnología, entendidas como conceptos históricos, están íntimamente ligadas a la historia de México y del mundo.

Han sido fuerzas transformadoras, especialmente durante los últimos ciento cincuenta años. Las distintas revoluciones industriales así lo demuestran: han generado empleo, impulsado la creación de empresas y contribuido al surgimiento de importantes capitales.

Dentro de los diversos sectores económicos, el sector servicios emplea al 60 % de los ingenieros del país. En el sector secundario —que representa el 30 % del Producto Interno Bruto— se concentra el 38 % de los ingenieros, mientras que, en el sector primario, con una aportación del 5 % al PIB, trabaja apenas el 2 %.

Por ejemplo, en industrias como la manufactura, el transporte, la construcción, la petrolera, la minería y los servicios profesionales, científicos y técnicos, así como en el diseño, implementación y gestión de sistemas que apoyan actividades clave como el comercio, la seguridad, las finanzas y los seguros, la ingeniería desempeña un papel esencial. En conjunto, estas áreas representan una contribución del 46 % al Producto Interno Bruto.

Para el año 2050, el país alcanzará más de ciento cincuenta millones de habitantes. Será indispensable reducir los niveles de pobreza: unos 30.5 millones serán jóvenes y otros 32 millones tendrán más de sesenta años. El grupo más numeroso será la población en edad laboral, y debemos estar preparados para desarrollarla, incrementando el promedio de escolaridad de 9.5 a catorce años. En los próximos treinta años enfrentaremos el reto de construir más de un millón de viviendas por año, duplicar la producción de alimentos y la generación de electricidad, ampliar la conectividad en comunicaciones, y garantizar el acceso al agua potable, los servicios de salud, la salubridad y la educación para veinte millones de nuevos mexicanos.

Necesitamos redoblar esfuerzos para atraer mayores inversiones, tanto nacionales como extranjeras, y así aumentar el porcentaje del PIB destinado a infraestructura. Esto es esencial para asegurar un crecimiento acelerado en otros sectores. La ingeniería y la tecnología son pilares fundamentales para que el país alcance niveles económicos adecuados. Con una formación sólida y numerosa de ingenieros y técnicos, México puede integrarse con mayor rapidez a la Sociedad del Conocimiento, construir la infraestructura que requiere, innovar en bienes y servicios, aumentar su productividad, elevar la competitividad nacional e internacional, generar empleos de calidad y, en consecuencia, mejorar el bienestar general de la población. Termina la cita.

Tuve la fortuna de ser presidente del Patronato del Colegio de Ingenieros Mecánicos y Electricistas (CIME), desde donde logramos importantes donaciones por parte de destacados empresarios. Gracias a ello, se concluyeron las obras de remodelación de las instalaciones en Oklahoma 89.

Una de las actividades que emprendimos en la UMAI, y que considero digna de mencionarse, fue identificar las acciones necesarias para fortalecer la ingeniería y asegurar su participación en la toma de decisiones y en proyectos estratégicos para el desarrollo y el crecimiento equilibrado del país, con una visión de prosperidad compartida. De ese esfuerzo nació un decálogo, construido a partir de veinte oportunidades estratégicas.

1. Fortalecer la calidad y cantidad de ingenieros.
2. Promover que los titulares y mandos superiores de las dependencias de la administración pública federal relacionadas con la ingeniería sean ingenieros calificados.
3. Participar activamente en la política pública del país, relacionada con la ingeniería.
4. Establecer un observatorio ciudadano para calificar periódicamente la capacidad técnica de la Administración Pública y el avance de los proyectos y cumplimiento de metas.
5. Demostrar que la ingeniería mexicana es sólida y prestigiada.
6. Fortalecer principios y valores de ética para la integridad y transparencia del ejercicio de la ingeniería y vigilancia de su cumplimiento.
7. Lograr condiciones favorables para el trabajo de los ingenieros mexicanos.
8. Incrementar la colaboración y posicionamiento en las organizaciones internacionales de ingeniería.
9. Fomentar la Colegiación y Certificación.
10. Fortalecer la Unidad de la Ingeniería Mexicana.

A estas propuestas se les dio amplia promoción y difusión, aunque nos encontramos con diversas inercias y una notoria falta de cultura en torno a la ingeniería, la ciencia y la tecnología.

La UMAI fue fundada el 19 de agosto de 1952 a iniciativa de las siguientes organizaciones:

El Colegio de Ingenieros Mecánicos y Electricistas

El Colegio de Ingenieros Civiles de México

La Asociación de Ingenieros y Arquitectos de México
La Asociación Mexicana de Ingenieros Mecánicos y Electricistas
El Colegio de Ingenieros Militares
El Centro Nacional de Ingenieros
El Colegio Nacional de Ingenieros Químicos y Químicos

A la fecha, la UMAI ya agrupa a más de sesenta organizaciones.

En una reunión que sostuvimos con Ricardo Salinas Pliego, abordamos los temas del Decálogo, así como sus esfuerzos por impulsar el desarrollo económico de México apoyando a la población de escasos recursos, y su notable impulso al ejercicio de la comunicación en el país. También organizamos, durante tres años consecutivos, el desayuno con motivo del DÍA NACIONAL DEL INGENIERO, al que asistieron el secretario de Comunicaciones y Transportes y distinguidas personalidades del ámbito político y profesional.

Otra experiencia de trascendencia nacional fue el proceso para dictaminar la mejor opción ante el problema de saturación del Aeropuerto Internacional Benito Juárez de la Ciudad de México. El 20 de agosto de 2018, recibí —en mi calidad de Presidente de la Unión Mexicana de Asociaciones de Ingenieros (UMAI)— un escrito del ingeniero Javier Jiménez Espriú, próximo Secretario de Comunicaciones y Transportes, acompañado de los anexos titulados Resumen del dictamen sobre las acciones para la solución del problema de la saturación del Aeropuerto Internacional Benito Juárez de la Ciudad de México e Informe al licenciado Andrés Manuel López Obrador, Presidente Electo de los Estados Unidos Mexicanos, sobre las posibles opciones para atender dicha saturación. El documento llevaba las firmas de Javier Jiménez Espriú, Alfonso Romo Garza, Carlos Manuel Urzúa Macías, José María Rioboó Martín y Sergio Samaniego Huerta. El texto decía así:

El pasado viernes 17 de agosto, el licenciado Andrés Manuel López Obrador, Presidente Electo de los Estados Unidos Mexicanos, hizo del conocimiento del pueblo de México, a través de los medios de difusión nacional, el dictamen que un grupo de técnicos designados por él ha realizado, sobre dos opciones para la solución del problema de saturación que padece el Aeropuerto Internacional «Benito Juárez» de la Ciudad de México, a saber:

1. Continuar la construcción del Nuevo Aeropuerto Internacional de México, NAIM, en el vaso del Antiguo Lago de Texcoco, que obliga al cierre de las operaciones del Aeropuerto «Benito Juárez» y las de la Base Aérea Militar de Santa Lucía, por incompatibilidad aeronáutica y

2. Continuar la operación del Aeropuerto «Benito Juárez» de la Ciudad de México y construir dos pistas, terminal y servicios en los terrenos de la Base Aérea Militar de Santa Lucía, para que operen simultáneamente.

Se informó en un breve resumen, sobre los pros y los contras más relevantes de ambas alternativas, resumen derivado de un informe que se le presentó el 15 de agosto pasado.

El análisis llevado a cabo comprende, además, el resultado de diversas sesiones de trabajo con los actuales responsables de la construcción del Nuevo Aeropuerto en Texcoco NAIM, sesiones que acordaron el presidente Enrique Peña Nieto y el licenciado Andrés Manuel López Obrador, unos días después de la elección presidencial del 12 de julio.

El resumen y el informe se anexan a esta comunicación, acompañados de un USB que contiene toda la documentación que ha sido considerada en el análisis de estas alternativas, proveniente de muy diversas fuentes de grupos técnicos y sociales en pro y en contra de la solución que hoy se instrumenta y que es la construcción del NAIM, e incluye los informes y documentos que nos han entregado la Secretaría de Comunicaciones y Transportes y el Grupo Aeroportuario de la Ciudad de México, GACM.

Toda esta información está ya, desde luego, a la disposición de toda la población, en la página www.lopezobrador.org.mx

En atención al amable compromiso de la organización que usted preside, de estudiar el conjunto de los aspectos técnicos que necesariamente concurren en un problema de la magnitud y la complejidad del que nos ocupa y de sus impactos de todo orden y dar una opinión imparcial y objetiva, que fue unánimemente aprobado en la magna reunión que la ingeniería mexicana tuvo con el licenciado López Obrador el pasado 6 de agosto en el Palacio de Minería, el ciudadano presidente electo les solicita, por este conducto, su decidida y amplia colaboración.

En el resumen adjunto, se ha establecido un calendario de acciones en un proceso que permita llegar a una decisión ciudadana democrática, exhaustivamente informada por un trabajo técnico de alto nivel, en el que la participación de ustedes es esencial, a finales del mes de octubre próximo.

La solicitud del presidente electo es de que su dictamen sea de nuestro conocimiento el próximo 5 de septiembre, para hacerlo del conocimiento público, ya que es elemento fundamental para las mesas de debate que se iniciarán el día 8 de ese mes y desde luego para la consulta ciudadana.

El licenciado López Obrador agradece a ustedes, desde ahora, su invaluable colaboración, que ayudará sustancialmente a lograr la mejor decisión para los intereses nacionales, en este asunto de la mayor trascendencia. Termina nota.

En la UMAI procedimos al análisis de la información con base en un formato distribuido a las organizaciones miembro, titulado Formato Propuesto para presentar dictámenes por áreas de especialidad en relación con el NAICM. Fueron dos semanas intensas de trabajo, dedicadas al análisis y síntesis de información en las distintas ramas de la ingeniería involucradas, ya que la fecha compromiso para la entrega del dictamen estaba fijada para el 5 de septiembre de ese año.

Con la información recabada por las organizaciones miembro de la UMAI, se elaboró y acordó el siguiente dictamen, dirigido al ingeniero Javier Jiménez Espriú:

Resumen del dictamen de la Unión Mexicana de Asociaciones de Ingenieros (UMAI) sobre las opciones del problema de saturación del Aeropuerto Internacional «Benito Juárez» de la Ciudad de México.

La ingeniería mexicana reconoce al gobierno democrático que próximamente encabezará el licenciado Andrés Manuel López Obrador, la oportunidad de participar en la toma de decisiones sobre la construcción de un proyecto estratégico para la economía del país, como lo es el de un nuevo aeropuerto en el área de la Ciudad de México.

Al mismo tiempo, atiende el compromiso de aportar a la sociedad mexicana el análisis profesional de las diferentes ramas que requiere el desarrollo de este megaproyecto, con el propósito de que la población exprese y mandate el destino de los recursos que se involucrarán en esta obra de interés nacional.

Los ingenieros mexicanos representados en la UMAI expresan mediante el presente documento los elementos de juicio que consideran procedentes tomando en consideración los documentos que se les proporcionaron en relación con las alternativas de Texcoco y Santa Lucía.

Cabe señalar que es de tomarse en cuenta que la opinión profesional que aquí se vierte podría haber variado significativamente si el desarrollo de las ingenierías involucradas en este proyecto tuviera un mayor grado de desarrollo (principalmente en la alternativa de Santa Lucía) y la consulta se hubiera realizado con mayor oportunidad, esto es, previamente al inicio de los trabajos en el NAIM.

La UMAI emite este dictamen en forma imparcial y objetiva, sin ningún sesgo, teniendo como único objetivo contribuir con lo que más conviene a los intereses nacionales.

Es complicado dar una opinión absolutamente definitoria, porque, por un lado, en el NAIM ya se tienen avances en la inversión y en la construcción de la obra, y para la alternativa de Santa Lucía solo se tiene un proyecto conceptual, por lo que sería necesario contar con información de mayor detalle sobre dicho proyecto.

A reserva de confirmarse la inviabilidad de la operación simultánea de los dos aeropuertos Benito Juárez y Santa Lucía, debido a que todavía algunos expertos opinan que sí es posible el proyecto de dos pistas en Santa Lucía, sin interferencias entre los espacios aéreos de los dos aeropuertos y satisfaciendo la demanda a largo plazo; con la información que actualmente se tiene y tomando en cuenta las inversiones desarrolladas en el NAIM, la UMAI se inclina por continuar con el proyecto siempre que se tomen en consideración los argumentos y recomendaciones que a lo largo del documento anexo se señalan.

En resumen, debe resolverse el problema del riesgo aviar y los sistemas reguladores que afectan el lago Nabor Carrillo, mitigar los problemas ambientales, ecológicos y urbanos. Revisar el sistema hidráulico e hidrológico, llevar a cabo un mayor análisis en el tema geológico y geotécnico y establecer los costos de mantenimiento del proyecto en su conjunto. Revisar el mejor esquema de participación accionaria y transparencia administrativa. De igual manera deben realizarse o revisarse y actualizar el Estudio de Rentabilidad Social, verificar el análisis Costo—Beneficio, de Desarrollo Urbano en el Valle de México; realizar auditorías físicas a la obra y auditorías financieras.

Es urgente buscar soluciones inmediatas a la saturación del aeropuerto «Benito Juárez», utilizando el aeropuerto de Toluca y continuar con el plan aeroportuario en el Valle de México complementando los aeropuertos de Puebla y Querétaro.

En las siguientes etapas del NAIM, se debe integrar el proyecto técnico final en su totalidad, así como llevar a cabo la certificación y el plan de capacitación e iniciar el anteproyecto para trasladar todas las operaciones del AICM al NAIM.

Es importante señalar que algunos de nuestros expertos se han pronunciado por Santa Lucía, opinando que cuenta con mejores condiciones del suelo, menores afectaciones ambientales y sociales y menores costos de mantenimiento. Otros no tuvieron elementos para evaluar.

Independientemente de la viabilidad técnica, en aras de la transparencia, como eje principal del nuevo gobierno, es indispensable revisar todos los procesos administrativos y la gestión de recursos, ya que la dimensión ética obliga a poner atención a posibles conflictos de interés o tráfico de influencias.

Por todo lo expresado, en tanto no cambien las condiciones relacionadas con seguridad aérea y los efectos financieros, legales y económicos que implicarían la cancelación del NAIM, es recomendable que se continúe con el proyecto.

La UMAI ofrece todo su potencial, capacidad y compromiso institucional para llevar a cabo las recomendaciones indicadas en el presente documento. Termina la cita.

Es así como, el 8 de septiembre, se dan a conocer públicamente tanto los dictámenes recibidos como las bases para los foros de discusión.

Fui ampliamente solicitado por los medios para expresar mi opinión y, ante las preguntas, mis respuestas se basaron en el resumen previamente mencionado. Hablé en Grupo Imagen, Aristegui Noticias, Grupo Fórmula, MVS, Radio Red, Canal

11, IMER, Foro TV, Grupo ACIR, Sistema de Radio y Televisión Mexiquense, Enfoque Noticias, Bloomberg TV, CNN, W Radio, Acústica Noticias, ABC Radio, CdTV y el Canal de la Asamblea Legislativa.

A finales de octubre se programó la consulta ciudadana «México Decide», cuyos resultados fueron: 69.84 % de los votos a favor de rechazar la opción de construir una terminal en Texcoco y 29.16 % en contra. La consulta fue organizada por un consejo ciudadano integrado por académicos y organizaciones, entre ellas la Fundación Arturo Rosenblueth. El 3 de enero de 2019, el gobierno de México anunció la suspensión de las obras y la decisión de construir el Parque Ecológico Lago de Texcoco, así como un nuevo aeropuerto en Santa Lucía.

El 26 de abril de 2019, el secretario de Comunicaciones y Transportes expuso ampliamente, durante la conferencia matutina del presidente, las razones para la cancelación del proyecto del Nuevo Aeropuerto de Texcoco. Posteriormente, el 26 de mayo, recibí un correo del secretario en el que se anexaba el documento titulado Razones para la cancelación del proyecto del Nuevo Aeropuerto de Texcoco, solicitando a UMAI que se distribuyera entre sus miembros, para su conocimiento y análisis, y para hacer llegar los comentarios que se estimen pertinentes.

Es justo reconocer la valía técnica y moral del secretario Jiménez Espriú, quien, aun cuando la decisión del gobierno federal ya estaba tomada, solicitó al gremio emitir sus comentarios al respecto.

En esta ocasión las respuestas de los agremiados fueron muy pocas (solo seis de sesenta) y se le enviaron el 10 de junio al secretario para su consideración, algunas de las cuales repiten argumentos técnicos que emitieron en su momento o que el documento de la SCT resultaba incompleto y sesgado. Otros indican que ya no es necesario enviar más comentarios, toda vez que se entregaron en septiembre de 2018, y que estaban en la mejor disposición de apoyar a Santa Lucía, y a otros proyectos de interés nacional. Algunos expresaron su preocupación del cierre de Santa Lucía y del Aeropuerto Benito Juárez y de las irregularidades mostradas durante el desarrollo del proyecto. Con toda claridad, observé que había división en los comentarios, unos a favor y otros en contra, sin tener contundencia, y podríamos decir que la balanza estaba equilibrada.

La celebración del Día Nacional del Ingeniero se llevó a cabo el 4 de julio de 2019 con un desayuno en el patio central del Palacio de Minería, presidido por el secretario de Comunicaciones y Transportes, Javier Jiménez Espriú, y con la presencia de Alfonso Romo, Carlos Slim y Blanca Jiménez, entre otros. En esa ocasión, quisiera resaltar algunas partes de mi mensaje:

La Unión Mexicana de Asociaciones de Ingenieros, a través de su conducto señor secretario, le rogamos llevar un respetuoso saludo al licenciado Andrés Manuel López Obrador, con quien tuvimos el privilegio de reunirnos en este mismo lugar ya hace casi un año.

Aquí, histórico recinto, cuna de la ingeniería mexicana, ocupado por el Real Seminario y el Colegio de Minería, hoy celebramos el Día Nacional del Ingeniero.

Aquí mismo, en la Escuela Nacional de Ingenieros, en donde se impartían las carreras de ingeniería civil, ingeniero de minas, ingeniero mecánico, ingeniero topógrafo, ingeniero hidrógrafo y agrimensor.

Hoy es una fiesta de enorme significado, porque simboliza la importancia que tiene la ingeniería para el desarrollo de México. Es de relevancia por el impulso y el desarrollo que la ingeniería le aporta a la sociedad.

A través de su historia, la ingeniería mexicana ha tenido momentos dorados de gloria. Lo atestiguan obras que a todos nos llenan de orgullo; carreteras, puentes, aeropuertos, presas, plantas generadoras de electricidad, industria petrolera, recursos del agua, telecomunicaciones, puertos, industria automotriz, aeronáutica, transporte público e industria en general.

En nuestra gran ciudad, obras como la Torre Latinoamericana, el Estadio Azteca y el segundo piso del periférico, que a pesar de voces malinchistas, han soportado fuertes movimientos telúricos sin daños estructurales ni pérdida de vidas. Estas construcciones y muchas más han perfilado las características muy particulares de nuestra gran metrópoli.

Aunque represento a la diversidad de muchos gremios de ingenieros de muy variadas especialidades y también, en su justo derecho, con ocasionales puntos de vista diferentes a decisiones estratégicas, con sus propios argumentos y según su percepción de qué es mejor para el país; como presidente de UMAI, después de analizar el informe de las razones para la cancelación del proyecto del nuevo aeropuerto de Texcoco y de escuchar a los agremiados expertos en diversas especialidades, estoy convencido; libre de compromisos creados y sin conflicto de intereses, que se tomó la mejor decisión en términos técnicos, sociales, económicos, ambientales, financieros y jurídicos. El tiempo dará la razón. Y tampoco tendremos que esperar mucho. En apenas dos años, veremos cómo la ingeniería mexicana, tanto civil como militar, será capaz de lograr lo que muchos auguraban o querían que fuera inalcanzable y un total fracaso.

Bien sabemos que la ingeniería propia es una profesión fundamental para el progreso de una nación. Es la única manera de reducir la abrumadora dependencia tecnológica de los países en desarrollo, incluyendo el nuestro.

A pesar de que aspiramos a ser, dentro de una década, una de las diez potencias económicas más importantes del planeta, en los últimos lustros, la ingeniería mexicana ha sido menospreciada y marginada, en muchos ámbitos, por líderes corruptos y sin arraigo a su nacionalidad. Muchos funcionarios han caminado por la pasarela del poder, y muchos de ellos viven ahora tranquilamente con sus familias en algún lugar del primer mundo y grandes capitales depositados en bóvedas bancarias.

Impulsando y aprovechando a la ingeniería mexicana, en todas sus ramas, sin malinchismos ni egoísmos neoliberales, México podrá ir saliendo del colonialismo tecnológico. Solo una transformación profunda y con amor a la patria, aunque dura y con sacrificios, nos llevará a una mayor justicia y paz social, a acabar con la corrupción, a crear oportunidades con mayores inversiones públicas y privadas. Con más proyectos relacionados con la ingeniería y que ese desarrollo no dependa de modelos extranjeros, sino que atienda las necesidades del país, sin marginar a la mayoría de la población.

La política neoliberal se pervirtió y ha sido un desastre, siendo un simple facilitador para el saqueo al servicio de una amafiada minoría de cuello blanco, rapaz, sin principios morales y apátrida y una política del pillaje, antipopular y entreguista, con fraudes de miles de millones de pesos.

Se apostó por el debilitamiento del estado; la pérdida del control de sus principales recursos naturales y el desmantelamiento sostenido en áreas estratégicas como Pemex y la Comisión Federal de Electricidad y la caída en la producción de petróleo y gas, y se dejó morir el Sistema Nacional de Refinación con enormes compras de gasolina al extranjero. Tenemos que apoyar en sacar adelante a la industria eléctrica, a la industria petrolera, a la infraestructura en general y a las comunicaciones.

La ingeniería puede contribuir al ordenamiento político que se está dando y a las causas que originan la pobreza y la violencia, a reactivar la economía, a la creación de empleos, al desarrollo y al bienestar, con la recomendación de que no se dejen eslabones débiles o cabos sueltos que limiten llevar a cabo ordenada y disciplinadamente los planes y proyectos.

Por ejemplo, en el contexto de la sociedad del conocimiento, debemos asegurar la calidad, la pertinencia y la sustentabilidad en la formación de ingenieros, valorando el talento y la meritocracia. Incluir en los planes y programas académicos temas de la Cuarta Revolución Industrial, como inteligencia artificial, aprendizaje de máquina, Internet de las cosas y ciencia e ingeniería de datos.

Tecnológicamente, México está más rezagado que hace treinta años. Así como la teoría sobre la expansión del universo nos dice que las galaxias siguen alejándose entre sí, yo veo, como una triste y alarmante analogía, que las naciones más avanzadas del planeta se alejan cada vez más y más de México, lo cual ya no lo debemos permitir.

Todo cambio es duro, difícil... Hay que vencer una gran inercia...

Por decisión y elección de millones y millones de mexicanos, se está iniciando una transformación en la forma de gobernar y de distribuir la riqueza entre la población.

Muchos de la élite cortesana del pasado no quieren perder sus privilegios, rehúsan ceder y se oponen ferozmente a cualquier intento de cambio. Pero yo tengo plena confianza, y estoy seguro de que muchos de los ingenieros presentes y ausentes, concuerdan en que debemos unirnos en torno a un nuevo proyecto de nación, donde haya más igualdad y oportunidades para todos, donde confiemos en nosotros mismos, en nuestras capacidades, en trabajar en equipo con la camiseta nacional...

Bien se ha dicho muchas veces que la ingeniería es el arte de hacer posible lo imposible y que sea costeable, y nosotros queremos decirle a usted, señor secretario y distinguidos miembros del presídium, que observamos que la mayoría de la gente está consciente de la trascendencia histórica que estamos viviendo porque se está construyendo una nueva sociedad más enfocada en la ética, sin corrupción, menos desigual, con una economía más equilibrada y competitiva y estamos en la mejor disposición de colaborar con la administración del licenciado Andrés Manuel López Obrador, sin importar las adversidades.

No se va a arreglar todo en seis meses, ni en un año, ni en dos. Habrá que librar muchas batallas, pero finalmente triunfará y prevalecerá la justicia social, y la ingeniería mexicana estará presente construyendo una infraestructura de nueva generación, para orgullo de nuestros descendientes, con carreteras, puentes, trenes y puertos, mejores servicios aeronáuticos y de telecomunicaciones, y todo lo que sea vital para apuntalar el progreso de nuestro querido México.

Veremos renacer a la ingeniería mexicana. Nos solidarizamos con nuestro presidente, para que México sea una potencia económica con desarrollo social, con progreso y con justicia.

Un abrazo a todos y muchas felicidades. Termina el mensaje.

Se puede observar que en uno de los primeros párrafos expreso lo siguiente:

Como presidente de UMAI, después de analizar el informe de las razones para la cancelación del proyecto del nuevo aeropuerto de Texcoco y de escuchar a los agremiados expertos en diversas especialidades, estoy convencido; libre de compromisos creados y sin conflicto de intereses, de que se tomó la mejor decisión en términos técnicos, sociales, económicos, ambientales, financieros y jurídicos. El tiempo dará la razón. Y tampoco tendremos que esperar mucho. En apenas dos años, veremos cómo la ingeniería mexicana, tanto civil como militar, será capaz de lograr lo que muchos auguraban o querían que fuera inalcanzable y un total fracaso.

Creo recordar que, al pronunciar aquel párrafo, se escuchó un murmullo en el fondo del patio central.

No era para menos. Toqué fibras sensibles donde había intereses claros. Tanto así que, el 8 de julio de ese año, directivos del Colegio de Ingenieros Civiles de México (CICM) de esa época enviaron un escrito dirigido a la Comisión Ejecutiva de la UMAI, deslindándose de mi declaración y solicitando la convocatoria a una asamblea extraordinaria para analizar la supuesta unilateralidad del pronunciamiento, el incumplimiento de los estatutos, la gravedad de las faltas, las responsabilidades implicadas, sus posibles consecuencias y las sanciones correspondientes.

En común acuerdo con la Comisión Ejecutiva, emitimos la siguiente respuesta:

En atención a su escrito de fecha 8 de julio, me permito informarles que he convocado a la Comisión Ejecutiva y al Consejo Consultivo para comentar sus inquietudes.

Le aclaro que mi opinión expresada se basó exclusivamente en la percepción de la información que envió hace unas semanas el secretario de Comunicaciones y Transportes sobre las razones para la cancelación del proyecto del nuevo aeropuerto de Texcoco y de los comentarios recibidos al respecto de algunos miembros de la UMAI.

El contexto de la opinión que emitimos en septiembre del año pasado fue diferente, ya que aún con nuestro dictamen, en octubre el nuevo gobierno electo decidió la cancelación.

Por otro lado, en nuestra última asamblea, tuvimos la presencia del director general del Grupo Aeroportuario de la Ciudad de México en la que se tuvo la oportunidad de expresarse y además se respondieron dudas de los asistentes.

Concretamente, mi comentario tuvo como base los elementos con los que conté y con las opiniones recibidas sobre el documento mencionado, y un discurso no necesariamente representa la opinión unánime de todos los miembros.

Así se lo estoy aclarando a las seis agrupaciones que me han hecho llegar sus comentarios, de las sesenta organizaciones que conforman a la UMAI. Saludos.

No obstante, el 17 de julio los directivos del CICM envían otro escrito a la UMAI indicando entre otras cosas, lo siguiente:

En respuesta a la comunicación que nos envió el doctor Salvador Landeros el pasado 10 de julio, el Colegio de Ingenieros Civiles de México A. C. (CICM) aprecia que la UMAI haya tomado en cuenta su solicitud y haya convocado a su Comisión Ejecutiva y al Consejo Consultivo, para tratar un asunto de importancia y trascendencia.

Ante la Comisión Consultiva de la UMAI, el Colegio no objeta que el doctor Salvador Landeros Ayala, como mexicano y como presidente de la UMAI, manifieste una opinión personal sobre cualquier asunto. Pero lo que el Colegio objeta es que, en una reunión pública, donde el doctor Landeros participa como representante de la UMAI, exprese su opinión acompañándolo con un juicio de valor y calificando su sentido, porque esto la convierte en un pronunciamiento oficial de la institución que representa.

Por lo anterior, el CICM seguirá sosteniendo que antes de emitir esta expresión pública —en un foro gremial con difusión nacional— el doctor Landeros debió considerar que necesariamente, esta se interpretaría como el punto de vista de las instituciones y organizaciones que conforman la UMAI, comprometiendo así a los presidentes de las mismas con su membresía.

Dado el carácter controversial de los argumentos mencionados por el doctor Landeros Ayala en su carta, el CICM queda pendiente de la convocatoria a la Asamblea General Extraordinaria de la UMAI, para calificar la falta incurrida; el impacto en la unidad del gremio; la afectación a la credibilidad de los ingenieros; la asignación de responsabilidades y las medidas a tomar. Entre ellas debe contemplarse la retractación pública sobre el pronunciamiento emitido, así como la admisión de su unilateralidad y el incumplimiento de los estatutos.

La postura que ante esta incómoda situación ha debido adoptar el Colegio de Ingenieros Civiles de México A. C. se sustenta en su irrenunciable compromiso por el bien de la ingeniería, por sus principios éticos, por su ejercicio digno y por la unidad de un gremio que continúa preservando su alto prestigio y una gran estima en la sociedad mexicana.

Nuevamente UMAI responde en los siguientes términos:

Atendiendo a su amable escrito del 17 de julio, la XVIII Comisión Ejecutiva de la UMAI le manifiesta que hemos escuchado las explicaciones pormenorizadas de nuestro presidente, el doctor Salvador Landeros Ayala, mismas que se le han hecho llegar a ustedes y que ahora reiteramos, en el sentido de que su opinión se basó en el análisis del documento «Razones para la cancelación del proyecto del Nuevo Aeropuerto de Texcoco», del cual no recibimos la opinión de ustedes, pero sí la opinión de varias agrupaciones de UMAI (opiniones perfectamente definidas, y no como indican en su escrito: «Opiniones de terceros no definidas»). Si no recibimos la opinión de ustedes, ni a favor ni en contra, escríbanle al secretario de Comunicaciones que están en desacuerdo con el documento mencionado.

Le reiteramos que la opinión que emitimos en septiembre del año pasado y de la cual estuvimos todos de acuerdo fue bajo un contexto diferente, ya que aún con nuestro dictamen, en octubre el gobierno electo decidió la cancelación. Eso ya no está en discusión, pero es muy su decisión querer seguir encabezando la defensa de Texcoco.

El doctor Landeros nos ha reiterado que su comentario tuvo como fundamento los elementos con los que contó y con las opiniones recibidas sobre dicho documento, y nos ha dicho que un discurso no necesariamente deja satisfechos a todos.

Por lo anterior, nos solidarizamos con el doctor Landeros y le manifestamos todo nuestro apoyo; no vemos que se haya incurrido en ninguna falta y consideramos que no es necesaria una Asamblea General Extraordinaria.

De igual forma, les informamos que en la reunión especial del Consejo Consultivo de Expresidentes de la UMAI celebrada el jueves 18 de julio, se manifestaron en darle todo el apoyo al doctor Landeros, respaldándolo en todos sentidos.

Todos deseamos la unidad y trabajar por México y coincidimos en el compromiso por el bien de la ingeniería. Termina la cita.

En agosto de ese mismo año, el ingeniero Carlos Slim recibió en sus oficinas a los miembros de la Comisión Dictaminadora del Premio Nacional de Ingeniería y Arquitectura de la Asociación de Ingenieros y Arquitectos de México. Le informamos que había sido designado Premio Nacional de Ingeniería 2019. En una charla muy cordial, en la que abordamos diversos temas, nos expresó su sorpresa: ¿cómo era posible que ya se hubieran iniciado las obras del NAICM si aún no existía el proyecto ejecutivo ni se contaba con una gran parte de los planos necesarios? Varios ingenieros que me habían criticado estaban presentes. Solo voltearon a verme, visiblemente sorprendidos.

Poco después, el ingeniero Javier Jiménez Espriú publicó su libro La Cancelación, el pecado original de AMLO, en el que expone con detalle los pormenores que llevaron a la cancelación del NAICM. Aun así, recientemente, algunas personas y políticos —sin conocimiento ni fundamento, y en ciertos casos pecando de ignorancia— se han atrevido a opinar sobre el tema con ligereza.

Cuando el presidente de la República me designó, en noviembre de 2019, director general de la Agencia Espacial Mexicana, hubo quienes pensaron que se trataba de un premio por lo que expresé en aquel desayuno en el Palacio de Minería. Pero no fue así.

En la Unión Panamericana de Asociaciones de Ingenieros (UPADI), organizamos en México la Cumbre de la Ingeniería Panamericana, celebrada en la Secretaría de Relaciones Exteriores (SRE). En el mensaje de bienvenida, expresé lo siguiente:

Esta Reunión Cumbre de la Ingeniería Panamericana se organizó en reconocimiento al papel fundamental de la ingeniería, la ciencia y la tecnología en la implementación de medidas dirigidas a cumplir con los Objetivos de Desarrollo Sostenible de las Naciones Unidas.

Se tendrá la valiosa oportunidad de intercambiar conocimientos y experiencias, además de sumar esfuerzos de cooperación para impulsar el progreso de las Américas.

Desde 1949, la Unión Panamericana de Asociaciones de Ingenieros (UPADI) ha impulsado la educación y el ejercicio profesional de la ingeniería en las sociedades del continente americano, con un claro propósito de contribuir al bienestar de sus comunidades. Con sede en Río de Janeiro, la UPADI organiza actualmente convenciones anuales y aporta su visión a la Federación Mundial de Organizaciones de Ingeniería (WFEO, por sus siglas en inglés).

En las últimas décadas, la región de las Américas —con algunas variaciones entre países— enfrenta dos factores limitantes para alcanzar los Objetivos de Desarrollo Sostenible (ODS) de las Naciones Unidas: el crecimiento económico insuficiente y la carencia de un sistema sólido de protección social. Estas limitaciones explican por qué los esfuerzos de los países para satisfacer necesidades básicas —como la alimentación, la vivienda digna, el acceso al agua potable, el saneamiento y el manejo ambientalmente sostenible de los residuos— no han logrado los resultados esperados.

La región necesita fortalecer un modelo de colaboración Penta Hélice, en el que academia, industria, sociedad, gobierno y medio ambiente trabajen coordinadamente para innovar y avanzar hacia un desarrollo sostenible. Para ello, se requiere inversión privada, tanto nacional como internacional, que impulse sectores clave como telecomunicaciones, transformación digital, conectividad, carreteras, aeropuertos, energía, desarrollo urbano y rural, industrias petrolera, química y minera, recursos hídricos, puertos, transporte público, industria automotriz, aeroespacial y, en general, la infraestructura productiva del continente.

Todos sabemos que la ingeniería y la tecnología son pilares fundamentales para el progreso de una nación. También es esencial compartir conocimientos y grandes proyectos en todas las ramas de la ingeniería, sumando las fortalezas de cada país.

En el ámbito educativo, es necesario revisar las cifras: tal vez ya estemos formando el número adecuado de ingenieros. Sin embargo, para que estos egresados encuentren verdaderas oportunidades, es indispensable incrementar la infraestructura y fortalecer el desarrollo tecnológico.

En resumen, estamos formando una buena cantidad de talento, pero aún falta aprovecharlo plenamente: crear, innovar y consolidar nuestra industria. Impulsando la ingeniería en todas sus vertientes, con una visión de desarrollo sostenible, podemos construir una sociedad más justa y combatir la desigualdad.

Vivimos en la generación más conectada e informada de la historia, pero también en la más desconectada de los problemas ambientales. Mientras atravesamos los años más cálidos de los últimos 135, muchos siguen ignorando la gravedad del calentamiento global y la creciente desigualdad social, donde el 1 % de la población mundial concentra más riqueza que el 99 % restante.

En este contexto, el valor de la ingeniería se reafirma en su función social.

La ciencia, la tecnología y la innovación juegan un papel clave no solo para enfrentar los desafíos actuales en materia de salud, sino también para respaldar los esfuerzos productivos en esta nueva etapa de recuperación económica pospandémica.

Las economías de todos los países no pueden quedarse atrás en este esfuerzo global; deben sumarse a la coordinación y recuperación ante la crisis actual. Estos esfuerzos, además, contribuyen al cumplimiento de la Agenda 2030 y sus Objetivos de Desarrollo Sostenible.

Se está tejiendo un entramado de relaciones sinérgicas entre la sociedad de la información y los demás sectores de la economía, cuyo elemento más visible es la incorporación del conocimiento en la estructura productiva de las economías avanzadas. Las transformaciones en el mercado laboral, los efectos ideológicos y culturales, los cambios sociales y políticos, así como las nuevas relaciones entre el individuo y su entorno, son solo algunos de los impactos de las actividades económicas basadas en el conocimiento sobre sus fundamentos sociológicos e institucionales. En definitiva, hablamos de los efectos que la economía digital está generando en la construcción de una auténtica sociedad del conocimiento. El impacto de la tecnología y la ingeniería sobre la política y la economía es, simplemente, impresionante.

La transformación digital, junto con la ciencia e ingeniería de datos y el uso masivo de Internet, tiene como principales aplicaciones el gobierno inteligente, las redes de energía inteligentes, el hogar inteligente, las ciudades inteligentes, la salud inteligente y el transporte inteligente.

Necesitamos redoblar esfuerzos para atraer mayores inversiones que permitan aumentar el porcentaje del Producto Interno Bruto destinado a infraestructura, y con ello asegurar un crecimiento acelerado en otros sectores de la economía.

Por todo esto, anhelamos ver renacer a la ingeniería panamericana y posicionarla entre las mejores del mundo.

La misión de UPADI es liderar el desarrollo de la ingeniería en el continente, guiada por principios de sostenibilidad ambiental, desarrollo social, crecimiento económico y transferencia tecnológica, sustentados en las mejores prácticas científicas. Su objetivo es consolidarse como un punto de encuentro para los ingenieros de las Américas, promoviendo la ética, la transparencia, la equidad de género y la excelencia profesional. Muchas gracias.

Fue una reunión muy exitosa, con la participación del presidente de la Federación Mundial de Organizaciones de Ingeniería (FMOI), la vicepresidenta de la NASA y altas autoridades de la Secretaría de Relaciones Exteriores. No entraré en detalles sobre todas las ponencias ni los eventos sociales, sino que me concentraré en compartir un resumen de las conclusiones presentadas, leído por el doctor José Albarrán Núñez, presidente de la Academia de Ingeniería de México:

Estimados colegas ingenieros, es un honor dirigirme a ustedes, que han venido a México a compartir sus conocimientos y experiencias, no solo como compañeros de profesión, sino también como hermanos iberoamericanos.

Para resumir las veintitrés exposiciones que se presentaron durante las sesiones de ayer y hoy, quisiera comenzar con una frase que solemos utilizar en México, particularmente en la Academia de Ingeniería: «La ingeniería es soberanía». Una idea que la ponencia de Uruguay ejemplificó con notable fuerza.

Si lo expresáramos en una ecuación, podríamos decir que la soberanía es el inverso de la dependencia. Y en esa dependencia, destaca la tecnología: la materia prima con la que trabajamos los ingenieros. Cuando hablo de soberanía, no me refiero únicamente a la de las naciones, sino también a una soberanía regional, e incluso continental, como lo subrayó la delegación de Portugal.

En varias exposiciones se mencionó que nuestros países enfrentan problemas similares, lo que da a nuestras preocupaciones un enfoque global. Sin embargo, cada uno de esos desafíos refleja el contexto particular de cada nación, un contexto local que nos lleva a este ya célebre juego de palabras entre lo global y lo local: GLOCAL.

Por otra parte, los Objetivos de Desarrollo Sostenible, publicados por la ONU y referidos reiteradamente en estas sesiones, ofrecen un marco común para enfrentar esos problemas glocales, que debemos abordar desde distintos frentes. Una vez más, la presentación de Uruguay ilustró de manera clara esta visión glocal y su alineación con los Objetivos de Desarrollo Sostenible.

Por una parte, debemos fortalecer nuestra capacidad de desarrollo tecnológico, como lo ejemplificaron Perú y Uruguay; pero también es crucial aprovechar la tecnología existente, adaptándola y adoptándola, especialmente en sus etapas tempranas de implementación. En este esfuerzo, no podemos ignorar la inminencia de la cuarta revolución industrial, cuyos umbrales apenas estamos cruzando.

Tal como lo establece el Objetivo de Desarrollo Sostenible número diecisiete, es imperativo incrementar la cooperación a nivel regional, ideando proyectos multinacionales enfocados en el desarrollo conjunto. Así lo demostraron Paraguay, Brasil y Puerto Rico. A escala continental, destacan iniciativas como el diccionario BIM propuesto por Venezuela; y en el plano intercontinental, vale resaltar el valioso vínculo con nuestros colegas de España y Portugal.

Asimismo, se vuelve urgente impulsar una certificación que favorezca la movilidad de nuestro gremio, como se subrayó en diversas ponencias —por ejemplo, la de Brasil—, con la finalidad de que los ingenieros de cualquier país de América puedan ejercer su profesión en otros países del continente, sin barreras innecesarias.

Debemos establecer formas y métodos que nos permitan aprovechar al máximo las capacidades de comunicación con las que hoy contamos, para compartir tanto nuestros problemas como nuestras soluciones.

Para desarrollar infraestructura de manera efectiva y eficiente, es indispensable encontrar cómo superar el horizonte político—electoral que, con frecuencia, limita los grandes proyectos en nuestros países. En este sentido, podrían emplearse herramientas como la evaluación sistemática de la infraestructura nacional —tal como propuso Estados Unidos— y considerar seriamente el costo de no actuar.

Es fundamental enfocarnos en incorporar ingenieros cada vez mejor preparados, entendiendo que la formación de profesionales en esta disciplina es un proceso permanente y en constante evolución.

Debemos lograr que la formación de ingenieros sea un proceso saludable, reduciendo el estrés que puede generar la presentación de conocimientos complejos. En su lugar, debemos fomentar el interés por la resolución de problemas que involucren herramientas de la ingeniería. La complejidad, lejos de ser una carga, debe convertirse en un desafío estimulante, capaz de despertar entusiasmo. Se trata de cambiar el estrés por pasión en el aprendizaje.

Contamos con desarrollos tecnológicos que los ingenieros no solo creamos, sino que también comprendemos a profundidad. Es momento de adoptarlos para aplicarlos en la formación de nuevas generaciones, dejando atrás viejos paradigmas y estructuras universitarias obsoletas, tal como lo ha propuesto la Academia de Ingeniería de México.

Es fundamental incorporar los Objetivos de Desarrollo Sostenible como una guía formativa. Que los estudiantes los sientan propios, que los adopten como referente y como una forma de orientar su labor profesional. Y, por supuesto, debemos continuar impulsando una causa que ha cobrado fuerza: la equidad de género, presente en varias de las ponencias. Esta tendencia debe ser respaldada con decisión, para seguir incrementando la parti-cipación de mujeres en la ingeniería, especialmente en posiciones directivas.

Entre ayer y hoy, en esta mesa central hubo aproximadamente un 25 % de participación femenina. Esa cifra concuerda con la estadística que se presentó en varias exposiciones.

Sabemos, sin embargo, que el ingreso de mujeres no solo a las carreras de ingeniería, sino también a posiciones directivas dentro de nuestros gremios, está creciendo a un ritmo superior al 25 %. Esta tendencia, como mencioné antes, debemos mantenerla y re-forzarla, para que la ingeniería se consolide como una profesión que refleje con claridad la equidad de género.

Estamos reunidos en esta cumbre porque creemos firmemen-te en el valor de la cooperación y el intercambio de conocimien-tos. Considero que debemos redoblar esfuerzos para hacer más productiva la realización de estos propósitos a nivel iberoame-ricano, conscientes de que nos encontramos en el umbral de la cuarta revolución industrial, la cual transformará exponencial-mente nuestra vida social, económica, fisiológica y ambiental. Muchos paradigmas cambiarán, y quienes logren adaptarse con una mente abierta y una clara conciencia del papel que jugamos como ingenieros, podrán aprovechar mejor esta nueva era. Lo reitero: la ingeniería es soberanía. Así concluyen estas reflexiones.

La UPADI, fundada el 20 de julio de 1949, tiene como ante-cedentes la Unión Sudamericana de Asociaciones de Ingenieros (USAI), que se fundó el 24 de mayo de 1935 con representantes de Argentina, Brasil, Chile, Perú y Uruguay, gracias al esfuerzo de los ingenieros Francisco Marseillán, Saturnino de Brito, Francis-co Mardones, José F. Balta y José Buzzeti.

Fue durante la realización del primer Congreso Panamericano de Ingeniería de 1949 que se entregó por parte del presidente de la USAI, Saturnino Brito, un diploma a Luis V. Migone de Argentina designándolo idealizador de la UPADI, en reconocimiento al prolongado y tenaz esfuerzo realizado para crear la misma.

El Acta Constitutiva de la UPADI la suscribieron delegados de dieciséis países: Argentina, Brasil, Chile, Colombia, Cuba, República Dominicana, El Salvador, Ecuador, Estados Unidos, Guatemala, México, Nicaragua, Paraguay, Perú, Uruguay y Venezuela. Actualmente la UPADI agrupa a veintidós organizaciones de diecinueve países y España, Portugal e Italia como miembros observadores. He tenido la fortuna de tratar con destacadas ingenieras e ingenieros panamericanos como Irene Campos, María Teresa Dalenz, María Teresa Pino, Diana María Espinoza, Patricia Zúñiga, Mercedes Elesther Savigne, Lidia Santiago, Jorge Spitalnik, José Trigueros, Ignacio González—Castelao, José Tadeu, Claudio Dall'Acqua, Aridai Herrera, Luis Eveline, Germán Pardo, Jaime Santamaría, Olman Vargas, Miguel Fierro, Luis Fernando Andrés, Carlos Ballón, Vladimir Mendizabal, Emilio Colón, Raúl Erasmo Sánchez, José Domingo Pérez, Alfonso Domínguez, Gustavo Saavedra, Luis Sema, Carlos Cardoso, Edemar Amorim, Marco Méndez, Lucas Blasina, Raymond Issa, entre muchos otros.

Cabe mencionar que solo dos mexicanos hemos sido presidentes de UPADI. El reconocido ingeniero mexicano Carlos López Rivera ocupó la presidencia de 1972 a 1980.

Durante mi gestión en UPADI, asistí a diversas reuniones internacionales. Una de ellas fue en Madrid, con motivo del Día Mundial de la Ingeniería, organizado por la Federación Mundial de Organizaciones de Ingeniería (FMOI) y el Instituto de Ingeniería de España (IIE), donde presenté la ponencia Cooperación a Nivel Institucional. A mi regreso a México, me encontré con una carta firmada por el presidente del IIE, José Trigueros, que decía:

Querido Salvador:

Espero que esta carta le encuentre bien. Le escribo para expresarle mi sincero agradecimiento por su participación en el Día Mundial de la Ingeniería que se celebró los días 2, 3 y 4 de marzo.

Su presentación en la Round Table International Organizations fue perspicaz y estimuló la reflexión, y los asistentes quedaron cautivados por su experiencia y conocimientos. Su contribución a la conferencia fue inestimable, y era evidente que dedicó mucho tiempo y esfuerzo a preparar su presentación.

Su disposición a compartir sus ideas y experiencias con los asistentes fue muy apreciada. Los comentarios que recibimos del público fueron abrumadoramente positivos, y muchos comentaron el valor añadido que supuso su presentación para su comprensión del tema.

Estamos muy agradecidos por su dedicación y compromiso para que la conferencia fuera un éxito. Su contribución ha tenido un impacto significativo en el evento y sin duda será recordada en los años venideros.

Una vez más, gracias por su participación en la conferencia. Ha sido un honor contar con usted como ponente, y esperamos tener la oportunidad de volver a trabajar con usted en el futuro. Reciba un cordial saludo.

La FMOI, en la que tuve el honor de ser miembro del Consejo Ejecutivo (Executive Council), fue fundada en 1968 por cincuenta asociaciones científicas y técnicas de todo el mundo bajo el auspicio de la UNESCO. Actualmente agrupa a instituciones nacionales de ingeniería de cien países y once organizaciones internacionales.

A modo de cierre, comparto la siguiente reflexión: la ingeniería, más que una profesión, es una vocación profundamente ligada al desarrollo humano, social y económico de nuestras naciones. A través de estas actividades gremiales hemos constatado

que, cuando se trabaja con visión compartida y sentido de cooperación, se fortalecen los lazos regionales y se multiplican las oportunidades para innovar, transformar y construir un futuro más
justo y sostenible.

Las reuniones, cumbres y encuentros han demostrado que el
intercambio de ideas, experiencias y buenas prácticas no solo en-
riquece nuestra perspectiva, sino que también nos une en la tarea
común de enfrentar desafíos globales.

Hoy más que nunca, la ingeniería debe asumir su papel como
catalizadora de soluciones. Esto implica formar nuevas generaciones con conciencia ética, social y ambiental; aprovechar la revolución tecnológica en marcha; cerrar las brechas de desigualdad;
y hacer de la equidad de género una realidad cotidiana. Porque la
ingeniería no solo construye infraestructura: también construye
soberanía, dignidad y esperanza.

La ingeniería se apoya en ciencias básicas de matemáticas,
física, química, biología, ciencias económicas y administrativas;
ciencias de la ingeniería, ingeniería aplicada para desarrollar tecnología y para el manejo eficiente y productivo de recursos naturales y fuerzas de la naturaleza en beneficio de la sociedad. Los
ingenieros, como decía Theodore Von Karman, crean un mundo
que nunca ha existido.

Sistema de Satélites Morelos

En 1982, mientras me desempeñaba como profesor en la Facultad de Ingeniería, tuve contacto con el ingeniero Javier Jiménez Espriú, entonces director de la facultad, ya que yo formaba parte del Consejo Técnico. Fue una época de gran aprendizaje, no solo por la cercanía con el ingeniero Jiménez, sino también por lo mucho que aprendí de ilustres ingenieros que colaboraban con él: Óscar de Buen y López de Heredia, Mariano Ruíz Vázquez, Pedro Martínez Pereda, Odón de Buen Lozano —mi jefe académico—, Gabriel Moreno Pecero, entre otros. También compartí esa experiencia con compañeros del Consejo Técnico como Marco Aurelio Torres Herrera, Leda Speziale de Guzmán y Guillermo Fernández de la Garza.

Ese mismo año, al ingeniero Jiménez lo designaron subsecretario de Comunicaciones y Desarrollo Tecnológico, y me invitó a integrarme al proyecto del Sistema de Satélites Morelos, específicamente en el programa de entrenamiento del personal que se haría cargo del control y operación de dichos satélites. Acepté la invitación, aunque continué como profesor de asignatura en la Facultad de Ingeniería.

El 20 de julio de 1983 recibí el nombramiento como subdirector de Explotación de Satélites Nacionales. Era el único en esa nueva área, con una pequeña oficina en el anexo de la Torre

Central de Telecomunicaciones. Había que crear toda la estructura organizacional con las plazas existentes, que por cierto eran muy modestas.

Comencé entonces a entrevistar candidatos para iniciar, en agosto, el programa de entrenamiento de los especialistas que operarían el sistema y, en mil novecientos ochenta y cuatro, la instalación del Centro de Control en Iztapalapa. Este centro abarcaría las siguientes áreas: dinámica orbital, pruebas de ingeniería del satélite en fábrica, control satelital, cómputo, y operación y mantenimiento. El personal participó tanto en la integración y pruebas del satélite en fábrica como en la puesta en marcha del centro de control en Iztapalapa.

Una de las prioridades fue seleccionar ingenieros con un perfil sólido: experiencia, preparación y capacidad. Durante varios meses hice viajes frecuentes al Segundo, California, para dar seguimiento al plan de entrenamiento del personal con el fabricante de los satélites.

Quisiera reconocer a ese grupo selecto de ingenieros que hizo posible este gran proyecto, dejando una huella profunda en la historia de las comunicaciones mexicanas:

Jorge López Shunia
Lucía Villafana
Rubén Torres
Juan Manuel Alonso
Manuel Manzano
Carlos Girón García
José Luis Reyes Gutiérrez
Bruno Ramos Maza
Alfonso Rodríguez Ramírez
Rubén Delgado Delgado
Rosa Rodríguez Tinoco

Dionisio Tun Molina

Jesús Gutiérrez Albores

Miguel Tirado Benítez

Erika Roesler

Luis Barba Berlanga

José Thomsen Zenteno

María Guadalupe Castellano Vázquez Gil

Manuel García Nolasco

José Manuel Calderón Grajales

José Ángel Lee Niebla

Roberto Suárez Gómez

Arturo Rodríguez Abarca

Carlos Rodríguez

Miguel Ángel Cruz Chávez

Roberto Maqueda

Arturo Ramírez

Humberto Flores González

Jorge Soni

Adrián Caldera

Roberto Bentancourt Ruiz

Francisco Viveros Roa

Héctor Fortis

Pierre Boujan

Gerardo Moreno

Federico Hernández

Héctor Quijano

Jorge Morales

Héctor Gómez

Roberto Cedillo

Baldomero Bravo Mondragón

Ángeles Pompa

De los ingenieros seleccionados para acudir a las instalaciones de la empresa fabricante de los satélites, la mitad contaba con amplia experiencia en el sector, mientras que la otra mitad eran recién egresados de carreras en ciencias e ingeniería, provenientes de instituciones públicas y privadas.

Para reforzar el equipo, se incorporaron más ingenieros, quienes fueron entrenados por el personal mexicano previamente capacitado en esa disciplina.

Una vez concluidos los trabajos de construcción, acondicionamiento, instalación y pruebas del Centro de Control —finalizados en octubre de mil novecientos ochenta y cuatro—, en noviembre se comprobó la operatividad del sistema al participar exitosamente en la recuperación de los satélites Westar VI, de Estados Unidos, y Palapa B—2, de Indonesia, por problemas de toberas en sus motores de perigeo.

En mil novecientos ochenta y cinco, el Centro de Control participó con éxito en las misiones de lanzamiento y puesta en órbita de los satélites Morelos I y Morelos II; en el primer caso como centro de apoyo, y en el segundo como centro principal. Desde Iztapalapa se enviaron las instrucciones a ambos satélites para ubicarlos en su respectiva órbita y configurarlos en su forma operativa.

Se realizaron las pruebas en órbita y, de manera coordinada, se reubicaron las señales de los servicios de telecomunicaciones del satélite de INTELSAT al Satélite Morelos I. Las transmisiones comenzaron el veintinueve de agosto de mil novecientos ochenta y cinco, desde la casa donde nació José María Morelos y Pavón —en la entonces Intendencia de Valladolid, hoy Morelia, Michoacán— hacia la Torre Central de Telecomunicaciones de la SCT. El sistema fue inaugurado formalmente el primero de septiembre de mil novecientos ochenta y cinco, con la transmisión del informe presidencial.

También se desarrollaron proyectos para dotar al Centro de Control de nuevas facilidades que le permitieran cumplir sus objetivos de manera más eficiente. Entre ellos, destacan la creación de un Centro Nacional de Monitoreo, un Sistema Automático de Mediciones y la instalación de un sistema de generación y control de una señal radiofaro.

En todo momento se contó con el equipo adecuado y con personal altamente capacitado para mantener los satélites en condiciones óptimas, al servicio de la sociedad mexicana. Así, se aprovecharon los invaluables beneficios en materia de comunicaciones, así como en la difusión de la educación y la cultura, sin dejar de lado las ventajas económicas que, a mediano plazo, representa contar con un medio moderno y seguro para la transmisión digital de información.

De esta forma se demostró la capacidad de la ingeniería mexicana, a pesar de las críticas que señalaban que este grupo no era el adecuado para asumir tal responsabilidad. Sin embargo, la confianza nunca se perdió, sustentada principalmente en la experiencia y el talento de nuestros ingenieros, y en la certeza de que la formación recibida en nuestras instituciones de educación superior era garantía para llevar a cabo proyectos de gran envergadura. Con enormes esfuerzos se logró mantener a todo el personal, ya que fue hasta el segundo semestre de mil novecientos ochenta y cinco cuando la Secretaría de Programación y Presupuesto nos apoyó con plazas de mayor nivel, al elevar la Subdirección de Explotación de Satélites Nacionales a Dirección de Sistemas de Satélites Nacionales, con las siguientes subdirecciones:

José Manuel Calderón Grajales Subdirector de Control

Jorge López Shunia Subdirector de Ingeniería de Sistemas Espaciales

Carlos Girón García Subdirector de Infraestructura Terrestre

Baldomero Bravo Mondragón Subdirector de Promoción de Sistemas Espaciales

Entre los primeros usuarios de los satélites estuvieron Televisa, Imevisión (hoy TV Azteca), PEMEX, Teléfonos de México, servicios de telefonía rural, las cadenas de radio OIR, RASA y Radio Centro, y redes privadas como SENEAM, el ISSSTE, Banamex, Seguros de México, Chrysler, el Tecnológico de Monterrey, el periódico El Nacional y la UNAM. Recuerdo una anécdota: los directivos de Banamex me comentaban que estaban impresionados por la calidad, capacidad y confiabilidad del servicio, y en particular por la rapidez con la que lograron poner en operación su red, señalando que, en ese entonces, era muy difícil contar con líneas digitales terrestres para voz y datos.

Durante el terremoto de mil novecientos ochenta y cinco las centrales telefónicas de larga distancia quedaron dañadas, así como las cadenas de televisión, por lo que se establecieron con el Morelos I enlaces telefónicos y de televisión hacia Estados Unidos desde el Centro de Control de Iztapalapa, siendo la única manera de comunicarnos con nuestro vecino del norte y con el resto del mundo.

También, junto con Luis Torregrosa Ferraez, director del Hospital Infantil de México Federico Gómez, iniciamos un programa piloto para transmitir vía satélite cursos, conferencias y seminarios a hospitales del interior de la República. Los satélites Morelos fueron, además, la solución para los inicios de Internet en México. Recuerdo largas pláticas con Elfégo Ruiz, Alfonso Serrano y Gloria Koenigsberger, en torno al primer enlace satelital entre el Instituto de Astronomía de la UNAM y el National Center for Atmospheric Research (NCAR), en Boulder, Colorado. Cuando Gloria me obsequió su libro Los inicios de Internet en México, lo dedicó con estas palabras, escritas de su puño y letra: Para Salvador Landeros, quien primero nos dio esperanzas, y luego el canal satelital que permitió convertir en realidad el sueño de enlazarnos a Internet. ¡Con mucho agradecimiento!

Con los análisis y estudios realizados previamente por nuestros ingenieros, se propuso colocar el satélite Morelos II en una órbita de almacenamiento, lo que permitió ahorrar combustible y prolongar su vida útil, extendiendo sus servicios hasta el año mil novecientos noventa y nueve. El Morelos II inició operaciones en abril de mil novecientos ochenta y nueve.

Ante el incremento en la demanda de tráfico, y considerando que el segundo de los satélites había sido concebido como uno de uso secundario y sujeto a interrupciones, se decidió colocar al Morelos II en una órbita de almacenamiento, con una inclinación de tres grados.

A lo largo de la vida útil del satélite, se realizaban periódicamente tres tipos de maniobras orbitales. La primera, de inclinación orbital, corregía las desviaciones causadas por disturbios provocados por el Sol, la Luna y la propia Tierra. La segunda, de orientación, compensaba los efectos de la presión de la radiación solar y el arrastre atmosférico residual. La tercera, conocida como este—oeste, se debía a las irregularidades gravitacionales derivadas de que la Tierra no es una masa puntual. Estas maniobras representaban un consumo de combustible del 93,9 %, 3,7 % y 1,2 %, respectivamente.

En conjunto, las maniobras este—oeste, de orientación y de cambio de longitud representaban apenas un 6 % del consumo total de combustible, una fracción mínima en comparación con la que exigían las correcciones de inclinación.

La inclinación de la órbita presenta una variación anual promedio de 0,95 grados, lo que permite considerar que, si el satélite se sitúa en una órbita con tres grados de inclinación, tardará aproximadamente tres años en alcanzar la órbita ecuatorial (cero grados). Esta variación es natural y, durante ese tiempo, no es necesario realizar maniobras de corrección, lo que permite ahorrar un 33 % del combustible, equivalente a tres años de vida útil. A esto se suma un ahorro adicional del 7,3 % por ubicar el satélite en la posición de tres grados, lo que arroja un ahorro total de poco más del 40 %, es decir, cerca de cinco años adicionales de operación.

A partir de 1989, el combustible remanente era de 151,64 kg, lo que representaba 9,62 años de operación. En esa etapa —y durante los años siguientes—, los especialistas de Satmex continuaron operando el satélite con talento e imaginación. Aunque estaba previsto que concluyera su vida útil a más tardar en 1999, su operación se extendió hasta 2004. Así, a una vida útil de diseño de nueve años y una ampliada de catorce, se logró una vida operativa real de dieciocho años: un logro excepcional.

Es importante señalar que fue el ingeniero Bruno Ramos Maza, del Centro de Control, quien me sugirió la posibilidad de colocar el satélite en una órbita de almacenamiento. A partir de su propuesta, se elaboró un planteamiento formal para presentarlo ante las autoridades de la Secretaría. Hasta donde sabíamos, no existía antecedente de que esta técnica se hubiera aplicado antes en un satélite comercial.

Así fue como el subsecretario de Comunicaciones y Desarrollo Tecnológico, ingeniero Javier Jiménez Espriú, solicitó a la NASA la posibilidad de cambiar la hora del lanzamiento —originalmente programada para el día— a una hora nocturna, considerando la ubicación final del satélite.

Es importante destacar la firmeza y determinación con la que el ingeniero Jiménez Espriú respaldó esta propuesta, aun cuando no era común modificar un proyecto de tales dimensiones, y menos aun cuando existían variables de riesgo.

Desde el inicio de las operaciones, él depositó su confianza en los funcionarios e ingenieros del Centro de Control. Y esa confianza se vio justificada: no solo por la audacia de la iniciativa, sino por la capacidad con la que los ingenieros mexicanos lograron controlar y operar exitosamente los satélites durante los años siguientes.

Partiendo del punto de vista financiero, si el satélite se hubiera colocado desde el inicio en la órbita geoestacionaria, los ingresos habrían alcanzado los 65 millones de dólares durante sus nueve años de vida útil. Sin embargo, la decisión de almacenarlo permitió generar ingresos por 240 millones de dólares, considerando un precio promedio de un millón de dólares anuales por transpondedor. El sistema Morelos tuvo un costo total de 150 millones de dólares, incluyendo lanzamientos, seguros y el soporte en diseño, integración y pruebas por parte de la empresa COMSAT. Es decir, con la diferencia entre los 240 y los 65 millones, se cubrió un poco más que el costo total del sistema.

En el caso del Morelos I, los problemas que surgieron durante su operación fueron detectados y superados oportunamente. Se presentaron descargas electrostáticas, fallas en tres amplificadores y la avería de un sensor de voltaje en la batería número dos.

En el Morelos II, para esas fechas, solo se registró una falla en el receptor de comandos principal, lo que llevó a utilizar el sistema de respaldo en adelante. Los problemas de rango se resolvieron gracias a los estudios y análisis realizados desde el inicio de operaciones.

En una de las fallas que se prolongó durante varias horas —ocasionada por fenómenos electromagnéticos—, las presiones políticas no se hicieron esperar. Hubo llamadas de usuarios del más alto nivel al secretario y al subsecretario de Comunicaciones y Transportes, e incluso al presidente de la República. Afortunadamente, nuestros especialistas resolvieron la situación con gran eficacia, lo cual coincidió con la evaluación posterior del fabricante.

La excelente operación de los satélites Morelos I y Morelos II nos llenaba de orgullo, a pesar de las intrigas, mentiras y difamaciones de las que fuimos objeto. Al subsecretario le llegaban informes malintencionados desde distintos frentes: que el personal seleccionado no cumplía con los requisitos establecidos por la empresa fabricante; que el Centro de Control presentaba múltiples deficiencias; que había retrasos en la fabricación y pruebas de los satélites; e incluso que, tras el lanzamiento, sería necesario contratar personal del fabricante.

Todo ello generó una gran preocupación entre las autoridades de la Secretaría. Tuvimos que acudir directamente con el fabricante para aclarar estos señalamientos y regresamos con un informe de sus directivos donde se afirmaba que no existía ningún problema ni retraso, y que el personal capacitado tenía la mayor competencia y sería plenamente exitoso en sus funciones. También se detallaron y desmintieron los supuestos problemas del Centro de Control. Las autoridades visitaron las instalaciones y pudieron corroborar que todo estaba en orden.

Una de las principales inquietudes durante el lanzamiento era la incertidumbre provocada por los fallos que, el año anterior, habían presentado los motores de propulsión de los satélites Westar VI (Estados Unidos) y Palapa B—2 (Indonesia), debido a problemas en las toberas. Con el apoyo del Centro de Control — ya instalado y probado—, y gracias al trabajo conjunto con ingenieros mexicanos, se logró contribuir a la recuperación de ambos satélites. En el caso de los satélites Morelos, las toberas contaban con un nuevo diseño que sería probado por primera vez, lo que mantenía a todos en expectativa.

El doctor Rodolfo Neri Vela, primer astronauta mexicano, comentó en alguna ocasión la profunda emoción que sintió al llegar el momento de liberar al Morelos II y verlo alejarse del orbitador Atlantis, hasta que desapareció de su vista, cumpliendo su trayectoria con éxito.

Otra experiencia memorable durante el lanzamiento del Morelos II fue la extensión de los paneles solares, una maniobra que duró más de cinco horas y que generó cierta preocupación al detectarse un sobrecalentamiento en los motores encargados del despliegue. Esto se debió a que, con una inclinación orbital de tres grados, el Sol incide de manera más directa sobre el satélite. Afortunadamente, no pasó a mayores.

Lo que sí generó una mayor preocupación fue que el director de vuelo de la empresa fabricante dio la instrucción para enviar un comando equivocado: al intentar transmitir el comando «234», se envió el «034», cuya función es abrir la válvula de interconexión entre los dos sistemas de combustible.

Esto provocó un balance no previsto entre ambos sistemas. Desde el Centro de Control en Iztapalapa se sugirió cerrar de inmediato dicha válvula, recomendación que fue aceptada y ejecutada de forma inmediata. Afortunadamente, el único efecto de este susto fue la necesidad de recalcular las estimaciones de dinámica orbital. Así, los cinco días que duraron el lanzamiento y la colocación en la órbita del Morelos II fueron de gran intensidad. Vale la pena destacar algunos proyectos de ingeniería desarrollados por los ingenieros de la primera generación, los cuales sentaron las bases para el futuro sistema de satélites:

- Procedimientos de operación y mantenimiento del sistema.
- Especificación de parámetros técnicos para los usuarios de los satélites.
- Modelo para el cálculo tarifario del sistema.
- Diseño y cálculos de enlaces por satélite.
- Márgenes de atenuación por lluvia en la banda Ku.

- Se creó un Centro de Información de las Comunicaciones por Satélite, en el que se integraba toda la información técnica actualizada.
- Se elaboraron los estudios técnicos que apoyaron el acuerdo con Estados Unidos y Canadá para que México obtuviera la tercera posición orbital en 109,2°.
- Se diseñó e instaló el Centro de Monitoreo de señales portadoras.

Es importante señalar que, años antes de la puesta en órbita y, posteriormente, a partir de esa experiencia, varios de aquellos ingenieros comenzaron a impartir cursos sobre el tema a estudiantes e ingenieros de todo el país, a través de la División de Educación Continua de la Facultad de Ingeniería de la UNAM y de numerosas universidades de la República Mexicana.

Una de las mayores satisfacciones fue haber alcanzado autonomía plena en el control, operación e ingeniería después del lanzamiento. En poco tiempo se asimiló la tecnología satelital, sin necesidad de contratar apoyo externo, como ocurrió en otros sistemas similares al nuestro, como los de AT&T en Estados Unidos, Indonesia o Brasil, donde fue necesario mantener personal extranjero durante uno o dos años en la etapa de poslanzamiento.

En ese tiempo, el ingeniero Miguel Eduardo Sánchez Ruíz era el Director General de Proyectos Especiales y coordinaba el contrato con el fabricante de los satélites. El ingeniero Enrique Luengas Hubp se desempeñaba como Director General de Telecomunicaciones; el ingeniero José Antonio Padilla Longoria era el Director General de Normatividad y Control de Comunicaciones; yo ocupaba el cargo de Director de Sistemas de Satélites Nacionales, con la responsabilidad de operar y administrar los satélites; y el ingeniero José Manuel Calderón Grajales era subdirector de Control.

Estamos hablando del inicio del sexenio en el que los ingenieros Rodolfo Félix Valdez y Javier Jiménez Espriú ocupaban los cargos de Secretario de Comunicaciones y Transportes y Subsecretario de Comunicaciones y Desarrollo Tecnológico, respectivamente.

Ya con el ingeniero Daniel Díaz Díaz como Secretario de Comunicaciones y Transportes, se realizaron los lanzamientos de los satélites Morelos I y Morelos II, el 17 de junio y el 26 de noviembre de 1985, a bordo de los transbordadores Discovery y Atlantis de la NASA. A partir de entonces, tanto el Secretario como el Subsecretario mantenían informado al Presidente de la República sobre el grado de utilización de ambos satélites.

Tras la primera generación, y ante la creciente demanda de servicios, se pusieron en órbita nuevas generaciones de satélites que, en conjunto, han contribuido de manera significativa al desarrollo de las telecomunicaciones en México. Los especialistas del Centro de Control escalaron a posiciones de alto nivel, tanto en organismos nacionales como en instituciones internacionales.

Siguientes generaciones

La segunda generación, los satélites Solidaridad I y II, contaba con una tecnología más avanzada que la de la primera. Sin embargo, el Solidaridad I sufrió una falla catastrófica que provocó su pérdida total, debido al crecimiento de filamentos de estaño en el procesador a bordo. El 29 de agosto del año 2000, la Secretaría de Comunicaciones y Transportes (SCT) y la Comisión Federal de Telecomunicaciones (Cofetel) informaron lo siguiente:

«El día de hoy a las 18:33 horas, Satmex emitió los comandos de apagado del satélite Solidaridad 1, por lo que a las 18:35 horas, el mencionado satélite quedó fuera de operación. Los técnicos del fabricante, recomendaron la terminación de las operaciones del satélite, con base en la pérdida de energía eléctrica almacenada en las baterías al llegar a su nivel mínimo aceptable. Satmex realizó

65 intentos por restablecer comunicación con los SCPs (Procesadores Centrales del Satélite), y de acuerdo con los procedimientos indicados por el constructor del satélite, los técnicos procedieron al envío de los comandos para apagar todos los sistemas de la nave espacial. Satmex deberá, en coordinación con el Instituto Tecnológico de Massachusetts (MIT), vigilar el comportamiento del satélite a la deriva para asegurar que no cause ningún problema en el futuro. En términos del Plan de Contingencia, la empresa reportó que a las 16:00 horas del día de hoy, el 94 por ciento de los usuarios —que representan el 86 por ciento de la capacidad utilizada en el Solidaridad 1— se encuentran con servicios restablecidos o con capacidad satelital asignada y disponible».

Después vendrían los satélites Satmex (hoy Eutelsat) y los del sistema Mexsat.

En el año 2004, la SCT lanzó una convocatoria para licitar la posición geoestacionaria ubicada en los 77° de longitud oeste, resultando ganadores SES Americom Inc. y Satélites Globales, S. de R.L. Fui testigo social del concurso, atestiguado por Transparencia Mexicana, que emitió el siguiente dictamen:

«En nuestra opinión, el proceso atestiguado se desarrolló conforme a lo dispuesto en las bases de licitación y las partes que en él intervinieron cumplieron con lo establecido. En todo momento, la transparencia y equidad fueron evidentes».

Actualmente, dicha posición está ocupada por el satélite QuetzSat I, operado por MedCom y SES.

Los satélites MEXSAT

El gobierno federal tomó la decisión de operar un sistema de satélites orientado a servicios de seguridad y cobertura social: los Mexsat 1 (Centenario), Mexsat 2 (Morelos III) y Mexsat 3 (Bicentenario). Desafortunadamente, el satélite Centenario se desintegró en la atmósfera pocas horas después de su lanzamiento desde el cosmódromo de Baikonur, en Kazajistán.

Pasaron los años, y desde Satmex me solicitaron realizar una revisión de las operaciones en los Centros de Control, con el propósito de evaluar la efectividad y confiabilidad del manejo de sus satélites. El análisis debía incluir: políticas y procedimientos operativos; entrenamiento y competencias del personal; planes de contingencia; prácticas de atención al cliente; respuesta ante incidentes y, por supuesto, recomendaciones. Atendí esta solicitud y emití el dictamen correspondiente.

Uno de los grandes motivos de satisfacción fue recibir, en junio de 2004, una carta de Satmex que decía:

«Dada la trascendente función que usted desempeñó como Director de Sistemas de Satélites Nacionales cuando el satélite Morelos II fue puesto en órbita, me complace extenderle la más cordial invitación a la ceremonia conmemorativa Morelos II: Misión Cumplida, en la cual se reconocerán los más de 18 años de operación exitosa de este satélite de telecomunicaciones al servicio de México».

El envío del comando de apagado definitivo del Morelos II —momento central de este íntimo homenaje— nos brinda la oportunidad de recordar la visión y el valor de quienes fundaron el sistema satelital mexicano, así como de destacar la destreza de nuestros ingenieros, que lograron duplicar la vida útil originalmente diseñada para el satélite.

El evento se llevará a cabo el próximo lunes catorce de junio, a las 17:00 horas, en el Centro de Control Satelital de Iztapalapa.

A nombre de Satélites Mexicanos, le reitero que para nuestra empresa será un honor contar con su presencia en una fecha tan significativa. Se anexa el programa.

MORELOS II: Misión Cumplida

Junio 14, 2004
17:00 Bienvenida
17:30 Mensaje del doctor Salvador Landeros
Pionero y fundador de la industria satelital en México
17:45 Mensaje del ingeniero Lauro González Moreno
Presidente Ejecutivo, Satélites Mexicanos
18:00 Envío del Comando de Apagado Definitivo
18:15 Cóctel

En ese tiempo me solicitaron apoyo de los satélites Star One que operan en Brasil, para optimizar su grado de depreciación.

Desde la Facultad de Ingeniería, y con el Sistema de Satélites Morelos, me unió una gran amistad con Javier Jiménez Espriú ya que comulgábamos en muchos ideales, principios, valores e intereses comunes, al grado de que en un homenaje de su ochenta aniversario, con la asistencia del rector Graue, me solicitaron que dirigiera unas palabras. Este es el mensaje:

Señor Rector,

Ingeniero Javier Jiménez Espriú.

Distinguidos miembros del presidium,

Amigas y amigos todos,

He tenido la fortuna de compartir con el ingeniero Javier Jiménez Espriú diversas responsabilidades, tanto en el sector público como en la vida universitaria y gremial. Conozco de manera personal a nuestro homenajeado, no solo por su obra y sus acciones, sino también por sus convicciones y valores. Lo he visto actuar como un gran profesional; he sido testigo de ello, admirando siempre su entrega, tanto en lo personal como en lo profesional.

Sé también que muchos de los aquí presentes, quienes han compartido con Javier distintos momentos como jefes, compañeros, colaboradores, alumnos o amigos, conocen bien sus cualidades, entre las que sobresalen el respeto, la lealtad y su compromiso con el bien común.

Quisiera evocar tres eventos trascendentales en los que la participación de Javier fue fundamental y que marcaron una huella indeleble en la historia del sector de las comunicaciones:

El primero de estos eventos fue el lanzamiento y la puesta en operación de la primera generación de satélites mexicanos de telecomunicaciones: los Morelos I y Morelos II. Con ello se conformó un equipo de jóvenes ingenieros que asumió la responsabilidad de controlar, operar y aprovechar el sistema, con el objetivo de alcanzar nuestra independencia tecnológica y política en ese campo, en beneficio de las comunicaciones del país.

Cuando Javier se encontraba al frente de la Subsecretaría de Comunicaciones y Desarrollo Tecnológico, se le propuso modificar el plan de lanzamiento del Morelos II. Originalmente, el satélite permanecería varios años en su posición orbital como reserva, cumpliendo una función meramente redundante. La propuesta consistía en colocarlo en una órbita tal que las fuerzas gravitacionales lo llevaran, en el transcurso de tres años, hasta su ubicación geoestacionaria definitiva, sin necesidad de emplear el procedimiento estándar.

Esto permitiría ahorrar el combustible habitualmente destinado a corregir su posición durante la operación, lo que duplicaría su vida útil —de nueve a dieciocho años— y generaría ingresos adicionales por 175 millones de dólares. Para lograrlo, tras cálculos, simulaciones y una exhaustiva revisión documental, fue necesario negociar con la NASA ajustes al protocolo de lanzamiento, en una gestión compleja pero exitosa.

Es digno de destacar la firmeza y determinación con la que el ingeniero Jiménez Espriú asumió esta propuesta, pues no era común alterar un proyecto de tal envergadura, y menos aún cuando implicaba variables de alto riesgo. Desde el inicio confió plenamente en los ingenieros del Centro de Control, y esa confianza fue correspondida con hechos: la iniciativa resultó exitosa y se demostró, una vez más, la solidez de la ingeniería mexicana, tanto por esa audaz decisión como por la capacidad para controlar y operar los satélites en los años siguientes.

Esa ha sido una constante en Javier: su fe en la juventud preparada. Su convicción de que los jóvenes, cuando cuentan con formación y oportunidades, pueden enfrentar grandes desafíos con éxito, no solo quedó reafirmada, sino que encontró una prueba irrefutable en la calidad y el talento de quienes participaron. Esa visión brinda esperanza para que México alcance, con justicia, el lugar que le corresponde.

El segundo evento, estrechamente ligado al anterior, fue la convocatoria y selección del primer astronauta mexicano. Se acordó con la NASA que un especialista nacional viajara a bordo de la nave que transportaría al satélite Morelos II. A la convocatoria respondieron más de mil aspirantes, de los cuales solo doscientos cumplían con todos los requisitos: en su mayoría, ingenieros y científicos de trayectoria destacada. La decisión no fue fácil, pero se logró coordinar de manera impecable al Comité de Selección. En la inauguración del Centro de Control Satelital, con la presencia del Presidente de la República, Javier expresó en su discurso, textualmente:

Considerando los antecedentes académicos y profesionales, los méritos personales y las condiciones de salud de las ciudadanas y ciudadanos que respondieron a la convocatoria, así como el rigor que exige la misión que recaería en el especialista seleccionado, el Comité sometió los resultados de su análisis al ciudadano Presidente de la República, quien tuvo a bien dictar el siguiente acuerdo:

«Se designa como pasajero titular del transbordador espacial que colocará en órbita al satélite Morelos II de México, al ciudadano doctor Rodolfo Neri Vela».

Desde entonces, el mensaje y el enorme poder de convocatoria del doctor Neri —capaz de abarrotar cualquier auditorio— han sido tan sólidos que, a más de treinta años de aquel vuelo, siguen plenamente vigentes. Hoy continúa colaborando con la NASA en programas de divulgación científica, encuentros, conferencias, intercambio de experiencias y reconocimientos. Como escritor, profesor, conferencista e ingeniero, se ha consolidado como uno de los mejores divulgadores científicos de México, fuente de inspiración para varias generaciones de jóvenes que aman a su país y comprenden el valor de la dedicación y del esfuerzo. Menciono todo esto para destacar la excelente elección que se tomó, estimado Javier, y la manera en que, gracias a ella, México dejó una huella histórica en el espacio.

Finalmente, el tercer evento que quiero destacar fue la trascendental decisión de crear, mediante acuerdo presidencial publicado en el Diario Oficial de la Federación el quince de abril de mil novecientos ochenta y siete, los Institutos Mexicanos de Comunicaciones y del Transporte. Sus funciones serían realizar proyectos y estudios para incrementar el componente nacional de tecnología en esos sectores; brindar asesoría a las dependencias del gobierno federal; promover la aplicación de sus desarrollos tecnológicos; y contribuir a la formación de personal altamente especializado. Además, con base en sus investigaciones, establecerían especificaciones y normas para la infraestructura y operación de las comunicaciones y los transportes. Esta iniciativa es una muestra más del permanente interés de Javier por impulsar la investigación, el desarrollo tecnológico y por defender, siempre, a la ingeniería mexicana.

No puedo dejar de mencionar su trayectoria personal, que ha sido ejemplar como hijo, esposo, padre y abuelo.

No tendría tiempo suficiente para compartir todos los ejemplos que la ilustran. Javier es un hombre transparente, congruente, de firmes convicciones, ideología clara, principios y valores que inspiran y estimulan.

Querido Javier, quisiera terminar diciendo —en el mejor de los sentidos y con la alegría que le imprimes a tu vida— unas palabras que el escritor Henry Miller escribió en uno de sus pequeños grandes ensayos, titulado Al cumplir ochenta, publicado casualmente por la UNAM. Dice textualmente:

«Si a los ochenta años no estás tullido ni inválido y gozas de buena salud, si todavía disfrutas una buena caminata y una comida sabrosa, con todo y acompañamientos, si duermes sin pastillas, si las aves y las flores, las montañas y el mar te siguen inspirando, eres de lo más afortunado. Si no te has quedado culi atornillado y si te sigue emocionando un buen trasero o un magnífico par de tetas, y si te hace feliz no llegar a ningún lado y vivir al día, si puedes olvidar y perdonar y evitar volverte amargado, cascarrabias, resentido y cínico... hombre, ya vas de gane.»

Mantente así, querido Javier, y larga vida. Este es el ensayo de Miller y es para ti Javier en tu ochenta aniversario.

Muchas gracias

Creación de la Agencia Espacial Mexicana

Después de varias décadas de esfuerzos sostenidos e importantes logros, México, por iniciativa de la comunidad académica, científica, tecnológica, empresarial y del Congreso de la Unión, decidió crear la Agencia Espacial Mexicana (AEM). El 30 de julio de 2010 se publicó en el Diario Oficial de la Federación el decreto por el que se expide la ley de su creación como organismo público descentralizado, con personalidad jurídica y patrimonio propio, dotado de autonomía técnica y de gestión, y sectorizado en la Secretaría de Comunicaciones y Transportes (SCT). Se habla de varias décadas porque desde los años cuarenta se emprendieron en el país investigaciones en física espacial, así como colaboraciones internacionales sobre el uso del espacio ultraterrestre.

Sin entrar en detalles, cabe recordar que en 1957 un grupo de ingenieros mexicanos inició trabajos relacionados con el desarrollo de cohetes para el estudio de la alta atmósfera, lo que dio origen al proyecto de construcción y lanzamiento de los primeros cohetes de propelente líquido: el SCT—1 y el SCT—2.

En 1962 se estableció la Comisión Nacional del Espacio Exterior (CONEE), integrada por miembros de la Universidad Nacional Autónoma de México, el Instituto Politécnico Nacional, la Secretaría de Comunicaciones y Transportes y la Secretaría de Relaciones Exteriores, como un organismo técnico especializado de la SCT. Sin embargo, a pesar de los avances impulsados por importantes proyectos espaciales, la CONEE fue disuelta en 1977. Ese mismo año se creó el Departamento del Espacio Exterior, posteriormente renombrado como Departamento de Ciencias Espaciales, dentro del Instituto de Geofísica de la UNAM.

Años después, en la Universidad Nacional Autónoma de México, se conformó el denominado Grupo Interdisciplinario de Actividades Espaciales y se creó el Programa Universitario de Investigación y Desarrollo Espacial (PUIDE), con importantes resultados. Lamentablemente, dicho programa desaparecería tiempo después.

Se construyeron cohetes para estudios atmosféricos y se han asimilado valiosos conocimientos y experiencias en el desarrollo, construcción y lanzamiento de nanosatélites y microsatélites, con la participación de instituciones como la UNAM, el IPN, el CINVESTAV, el CICESE, la UASLP, la UPAEP, la BUAP, UAZ, entre otras de reconocido prestigio.

Asimismo, se ha avanzado en investigaciones sobre clima espacial, composición atmosférica, medicina espacial y proyectos de exploración hacia la Luna y Marte, entre muchos otros campos vinculados al desarrollo espacial.

Con el lanzamiento de la primera generación de satélites mexicanos de telecomunicaciones en 1985 —los Morelos I y II— así como con la participación del primer astronauta mexicano y los experimentos científicos que realizó en el espacio, se inició una etapa de gran relevancia. A estos hitos siguieron los satélites Solidaridad I y II, el QuetzSat, el Satmex 5, los Eutelsat 6, 7, 8 y 9, y posteriormente los satélites Bicentenario y Morelos III, consolidando avances significativos para el país.

En el ámbito de la observación de la Tierra, se han impulsado aplicaciones fundamentales en agricultura, atención a desastres naturales, seguridad y vigilancia, infraestructura, medio ambiente, cambio climático, manejo de recursos naturales, oceanografía, desarrollo urbano y cartografía. Todo ello gracias al análisis y procesamiento de imágenes satelitales realizados por un notable número de expertos mexicanos.

A lo largo de los años, México ha acumulado una valiosa experiencia y ha establecido vínculos con las principales agencias espaciales del mundo y con organismos internacionales dedicados al estudio y regulación del espacio ultraterrestre. En este contexto, el derecho espacial ha sido pieza clave en la construcción de un marco normativo, y muchos especialistas mexicanos han recibido amplio reconocimiento por sus capacidades, aportaciones y liderazgo en la materia.

Pero regresemos a la creación de la AEM. Años antes de que se promulgara la ley que le dio origen, a mediados de 2006 se conformó un grupo encargado de analizar el dictamen de la Cámara de Diputados respecto a la iniciativa para establecer una Agencia Espacial. El entonces director de la Facultad de Ingeniería, maestro Gerardo Ferrando Bravo, convocó a una primera reunión celebrada el 1 de agosto de 2006 en la Torre de Ingeniería de la UNAM, a la que asistieron figuras destacadas del ámbito académico, científico, tecnológico e industrial. Y fue, sin duda, un encuentro representativo, pues reunió a personalidades como Rodolfo Neri Vela, Javier Jiménez Espriú, Eugenio Méndez Docurro, José de la Herrán, Jorge Suárez Díaz, Ramiro Iglesias Leal, Sergio Viñals Padilla, Rafael Navarro González, José Francisco Valdés Galicia, Gianfranco Bisiacchi Giraldo, José Luis Fernández Zayas, Carlos Morán Moguel, Carlos Gay García, Alfonso Serrano Pérez—Grovas, Gustavo Medina Tanco, Gustavo Chapela Castañares, Sergio Autrey Maza, Dionisio Tun Molina, Joaquín Durand Saldaña, Paul Francisco Burruel, Fernando de la Peña Llaca y José Luis García García. Estos dos últimos presentaron el borrador del dictamen a los diputados, iniciándose así su análisis por parte del grupo.

La reunión produjo importantes resultados, tanto en propuestas de modificación como en la definición de pasos a seguir. En coordinación con el presidente de la Comisión de Ciencia y Tecnología de la Cámara de Diputados, Julio César Córdova Martínez, se organizó un foro de discusión titulado Hacia la Creación de la Agencia Espacial Mexicana, celebrado el 11 de agosto de ese mismo año en el Palacio Legislativo de San Lázaro. El foro tuvo como objetivos: vincular a los actores científicos y académicos con el proyecto de creación de la Agencia; identificar mecanismos de cooperación internacional; generar una propuesta de consenso en torno al Programa Nacional de Actividades Espaciales; y estudiar las consideraciones técnicas y presupuestales para los próximos ejercicios fiscales.

En la convocatoria al foro se subrayó la importancia de que el proyecto de dictamen fuera ampliamente difundido, analizado y enriquecido por la comunidad científica, académica y profesional vinculada al desarrollo espacial en México. Se trataba de propiciar un diálogo entre funcionarios públicos, legisladores, científicos, académicos y empresarios en torno a un tema de gran trascendencia para el presente y el futuro del país.

A dicha reunión asistió casi la totalidad del grupo, con múltiples intervenciones.

En mi caso, presenté una exposición sobre las actividades espaciales más relevantes desarrolladas en México durante los últimos cincuenta años.

Con el propósito de dar continuidad a los trabajos iniciados, el grupo promotor se reunió de nuevo, esta vez en el Palacio de Minería, el 23 de agosto, para analizar en detalle el dictamen de la iniciativa. A lo largo del año se celebraron otras reuniones en distintas fechas en la Torre de Ingeniería, y se integraron nuevos participantes al equipo: José Antonio Lever Huffmaster, José Franco López, Pedro Laclette San Román, Juan Carlos Hernández Marroquín, Cuauhtémoc Ibarra Rosales, Enrique Melrose, José Jesús Reyes García, Joaquín J. Durand Saldaña, Carlos Merchán Escalante, Leonel López Celaya, Carlos Rosado Rodríguez, Adrián Carbajal Ramos, Jesús Gutiérrez Albores, Roberto Betancourt Ruiz, Javier Roch, Daniel Pineda Cortés, Juan Manuel Zamudio Zea, Alejandro Chavarri Maldonado y Rolando Menchaca García.

Quiero destacar que con todos los miembros del grupo promotor mantuve una relación de amistad entrañable, y con cada uno de ellos conservo anécdotas significativas que, por su riqueza, tomarían mucho tiempo relatar.

De aquellas reuniones surgió una gran cantidad de propuestas de modificación por parte de los miembros del grupo. En los meses de octubre y noviembre se celebraron encuentros con las Comisiones de Ciencia y Tecnología y de Estudios Legislativos del Senado de la República, y se continuó trabajando de manera coordinada con los secretarios de ambas comisiones y con diez representantes del grupo promotor, designados mediante oficio dirigido al senador Francisco Javier Castellón Fonseca, presidente de la Comisión de Ciencia y Tecnología. Dichos representantes, en el orden en que aparecen en el documento oficial, fueron: Salvador Landeros Ayala, José Franco López, Sergio Viñals Padilla, José Francisco Valdés Galicia, José R. de la Herrán Villagómez, José Luis García García, Fernando de la Peña Llaca y Roberto Betancourt Ruiz.

Durante los primeros meses de 2007 continuaron las sesiones de trabajo, y se elaboró una tabla comparativa entre la versión original del dictamen y la propuesta modificada con las observaciones incorporadas. Recuerdo particularmente las largas reuniones en el Senado, muchas de ellas en compañía de mi entrañable amigo Sergio Viñals. Hubo valiosas contribuciones por parte de los integrantes del grupo promotor; deseo destacar especialmente la del ingeniero Eugenio Méndez Docurro, quien, a pesar de sus problemas de salud, envió sus observaciones por escrito. Además de sugerir enmiendas a varios artículos, compartió los siguientes comentarios finales, que se transcriben a continuación:

Estimado Salvador:

Con toda firmeza debo insistir en que, si existe la tendencia y la necesidad de modificar la minuta de la Cámara de Diputados —hecho del conocimiento de la Comisión de Ciencia y Tecnología del Senado—, debe actuarse en consecuencia. Resultaría incongruente que, reconociendo dicha necesidad de modificación, se pretenda ahora reabrir la posibilidad de aprobar la minuta sin cambio alguno, con el argumento de acelerar la creación de la Agencia Espacial Mexicana y con la esperanza, sin sustento, de que en un futuro impreciso se elabore otra ley que la sustituya.

Considero que el grupo promotor de especialistas debe ser coherente y asumir con responsabilidad la postura que ha sostenido desde un inicio: la necesidad de modificar el proyecto aprobado por la Cámara de Diputados. De no hacerlo, el grupo quedaría en entredicho ante la Comisión de Ciencia y Tecnología del Senado y, peor aún, estaría invitando a los senadores a no ejercer su facultad de revisión, pidiéndoles en los hechos que renuncien, de forma irresponsable, a su papel de Cámara revisora.

Me unió una gran amistad con el ingeniero Méndez Docurro y de vez en cuando nos íbamos a comer teniendo grandes anécdotas de una personalidad muy distinguida.

De la Secretaría Técnica de la Comisión de Ciencia y Tecnología recibí el siguiente correo:

Estimado Salvador:

Como bien sabes, el senador Castellón propuso —y fue aceptado— que el grupo promotor que tú coordinas presente en un documento los resultados de las reuniones de trabajo que hemos sostenido, y que dicho documento se considere como un predictamen para su análisis por parte de la Comisión.

Espero que estén de acuerdo y que podamos establecer contacto para concertar una reunión, o bien, que nos envíen la última versión con las modificaciones que proponen. Sugiero reunirnos el miércoles 28 de este mes a las 17:00 horas, quizá en la oficina del senador, o, si consideran que aún hay trabajo por hacer, gestionar una sala para continuar con la revisión. Recibe un cordial saludo.

Así, se envió la versión final del dictamen con todas las modificaciones propuestas. Poco después, en algunos medios apareció a ocho columnas la noticia: DECISIÓN HISTÓRICA: CREAR AGENCIA ESPACIAL. El Senado podría abrir el camino para que México cuente con un organismo que fomente el desarrollo espacial.

Fueron dos años de trabajo intenso y, finalmente, en noviembre de 2008, el Senado aprobó la ley que crea la Agencia Espacial Mexicana. La Cámara de Diputados la ratificó en abril de 2010 y, como ya se mencionó, fue publicada en el Diario Oficial de la Federación el 30 de julio de 2010, siendo entonces secretario de Comunicaciones y Transportes el licenciado Juan Francisco Molinar Horcasitas.

De acuerdo con lo establecido en la ley, se procedió a instalar la Junta de Gobierno y a organizar foros y mesas permanentes de trabajo para que, en un plazo no mayor a ciento ochenta días, expertos en materia espacial —tanto nacionales como extranjeros—, así como instituciones de educación superior y centros públicos de investigación, discutieran y formularan las líneas generales de la Política Espacial de México, desarrollada por la Agencia Espacial Mexicana. Concluidos los foros, el presidente de la Junta de Gobierno expidió la convocatoria para la designación del director general de la Agencia, dentro de los treinta días naturales siguientes, conforme a lo dispuesto en el decreto.

La Junta de Gobierno quedó integrada de la siguiente manera:

El titular de la Secretaría de Comunicaciones y Transportes, quien la presidirá.

Un subsecretario de la Secretaría de Gobernación.

Un subsecretario de la Secretaría de Relaciones Exteriores.

Un subsecretario de la Secretaría de Educación Pública.

Un subsecretario de la Secretaría de Hacienda y Crédito Público.

Un subsecretario de la Secretaría de la Defensa Nacional.

Un subsecretario de la Secretaría de Marina.

El titular del Consejo Nacional de Ciencia y Tecnología.

El rector de la Universidad Nacional Autónoma de México.

El director general del Instituto Politécnico Nacional.

El presidente de la Academia Mexicana de Ciencias.

El presidente de la Academia de Ingeniería.

El presidente de la Academia Nacional de Medicina.

Un representante de la Asociación Nacional de Universidades e Instituciones de Educación Superior.

El titular del Instituto Nacional de Estadística y Geografía. Representantes del grupo promotor —encabezados por Gerardo Ferrando, Rodolfo Neri, José Luis García, Alejandro Chávarri, Felipe R. Menchaca y yo— nos dimos a la tarea de preparar un documento en el que, con base en los instrumentos de la Política Espacial de México, se proponían los grandes temas y subtemas de los foros, conforme al artículo 3.º de la ley.

Yo había regresado recientemente de mi estancia como profesor visitante en la Universidad Politécnica de Madrid, y apenas unos meses antes había participado en dicha universidad en la Conferencia Internacional sobre el futuro del espacio, en la que estuvieron presentes destacados expertos de la industria y la academia de España y Europa, como el director de la Agencia Espacial Europea y el director de Arianespace. Se abordaron los temas más relevantes del sector espacial, los cuales se convirtieron en valiosas referencias para mi participación y entusiasmo en los foros.

El primer foro, dedicado al tema del desarrollo industrial, se llevó a cabo en octubre de 2010 en la Universidad Aeronáutica de Querétaro, con el apoyo del gobierno del estado y la participación de cincuenta y un ponentes. En esa ocasión, presenté la ponencia Oportunidades de inversión en tecnología espacial, en la que destaqué varios proyectos concretos.

El segundo foro se llevó a cabo en Pachuca, Hidalgo, en noviembre de 2010, con el tema Relaciones Internacionales y Marco Legal. Fue organizado por la Secretaría de Relaciones Exteriores y el Gobierno del Estado de Hidalgo, con la participación de cuarenta ponentes. Mi ponencia se tituló Oportunidades de colaboración en tecnología espacial, en la que expuse diversos mecanismos de cooperación, tanto nacionales como internacionales.

El tercer foro, con el tema Investigación Científica y Tecnológica, tuvo lugar en Ensenada en diciembre de 2010. Fue organizado por la UNAM, con el apoyo del Gobierno de Baja California. Se presentaron ciento cincuenta y tres ponencias, tanto orales como en formato de cartel. En esa ocasión expuse la ponencia Oportunidades tecnológicas para México, en la que propuse una serie de proyectos prioritarios para el país.

El cuarto foro se realizó en enero de 2011 en Puerto Vallarta, Jalisco, bajo el tema Formación de Recursos Humanos. Fue organizado por el Instituto Politécnico Nacional, en colaboración con el Gobierno del Estado de Jalisco. Se presentaron ciento treinta y ocho ponencias orales y en carteles. Mi participación fue conjunta con los doctores Ramón Martínez Rodríguez—Osorio y Miguel Calvo, de la Universidad Politécnica de Madrid (UPM), con la ponencia titulada Oportunidades de colaboración entre la

UPM e instituciones de América. En ella expusimos las experiencias de la UPM en la formación de recursos humanos en tecnología espacial, así como su cooperación con la Agencia Espacial Europea y su colaboración con diversas instituciones de América Latina.

En el Foro de Conclusiones, organizado por la Secretaría de Comunicaciones y Transportes en julio de 2011, se presentaron los resultados de los cuatro foros previos, los cuales sirvieron de base para la formulación de las Líneas Generales de la Política Espacial de México y del Programa Nacional de Actividades Espaciales, ambos publicados oportunamente en los medios oficiales.

Hay una persona que no he mencionado, pero cuya participación fue clave tanto en la creación de la Agencia Espacial Mexicana como en la organización de los foros: Raúl Vallejo Lara, destacado directivo de la Secretaría de Comunicaciones y Transportes, con quien mantuve una estrecha amistad. Tal fue nuestra relación, que diez años después lo invité nuevamente a colaborar en la AEM.

En los foros participaron expertos nacionales e internacionales, instituciones de educación superior, centros de investigación, cámaras empresariales, organizaciones profesionales, representantes del sector privado, estudiantes y miembros de la sociedad en general.

Vale la pena transcribir el discurso del Secretario de Comunicaciones y Transportes, Dionisio Pérez—Jácome Friscione, pronunciado durante la presentación de las conclusiones en el Museo Tecnológico de la Comisión Federal de Electricidad:

Estimado doctor José Narro Robles, Rector de la Universidad Nacional Autónoma de México;

Estimada doctora Yoloxóchitl Bustamante Díez, Directora General del Instituto Politécnico Nacional;

Estimado doctor José Enrique Villa Rivera, Director del Consejo Nacional de Ciencia y Tecnología;

Estimado senador Francisco Javier Castellón Fonseca, Presidente de la Comisión de Ciencia y Tecnología del Senado;

Estimado diputado Reyes Tamez Guerra, Presidente de la Comisión de Ciencia y Tecnología de la Cámara de Diputados;

Apreciables señoras y señores legisladores;

Amigos académicos, representantes de la industria privada y expertos;

Distinguidos miembros del Cuerpo Diplomático acreditado en nuestro país;

Distinguidos representantes de los gobiernos estatales;

Apreciados representantes de los medios de comunicación;

Señoras y señores:

Como comentó ya el doctor Villa, apenas ayer falleció el doctor Alfonso Serrano Pérez—Grovas, un astrónomo con una capacidad que la comunidad científica reconoce y admira. A él se deben varios proyectos pioneros de la investigación espacial en México, y logros importantes en su especialidad.

La mejor manera de honrar la memoria de este gran mexicano será consolidar exitosamente el proyecto por el que se esforzó, y que hoy nos reúne.

Es para mí una gran satisfacción participar con ustedes en el cierre de esta segunda etapa de creación de la Agencia Espacial Mexicana, con la presentación de las conclusiones de los foros de consulta.

A los integrantes de su Junta de Gobierno, señaladamente a los doctores Villa Rivera, Narro Robles y Bustamante Díez, así como a Arturo Menchaca Rocha, Presidente de la Academia Mexicana de Ciencias, y a José Antonio Ceballos Soberanis, Presidente de la Academia Mexicana de Ingeniería. Las instituciones emblemáticas de la ciencia en México constituyen el núcleo de este esfuerzo colectivo.

La participación de la comunidad científica y académica ha sido también determinante; reconozco su apoyo, y específicamente el de los doctores José Luis Fernández Zayas, José Franco López, Ramiro Iglesias Leal, Salvador Landeros Ayala, Felipe Rolando Menchaca García y José Francisco Valdés Galicia; los maestros Alejandro Chavarri Rodríguez, Gerardo Ferrando Bravo, José Luis García García, José Cuauhtémoc Ibarra Rosales, Juan Carlos Romero Hicks, Sergio Viñals Padilla; los ingenieros Javier Jiménez Espriú, Eugenio Méndez Docurro, y los empresarios y también ingenieros Sergio Autrey Maza y Fernando de la Peña.

A los diputados Moisés Jiménez Sánchez y Reyes Tamez Guerra, así como al senador Francisco Javier Castellón Fonseca, agradezco su visión estratégica para que la Agencia Espacial Mexicana pudiera ser una realidad.

A los exastronautas mexicanos, Rodolfo Neri Vela y José Hernández Moreno, agradezco su inspiración y aliento.

De manera especial, destaco la participación entusiasta en los foros de nuestras Fuerzas Armadas, representadas aquí por el general de división piloto aviador diplomado del Estado Mayor de la Fuerza Aérea Mexicana Ernesto Rivera Rojas; por el general de grupo diplomado de Estado Mayor Aéreo, Javier Cuevas Gómez, jefe de la V Sección del Estado Mayor de la Fuerza Aérea Mexicana, y por el vicealmirante diplomado de Estado Mayor Jorge Alberto Burguete Kaller, jefe de la Unidad de Comunicaciones e Informática de la Secretaría de Marina Armada de México. Gracias por acompañarnos.

Me da mucho gusto informar a ustedes que hoy mismo se publicó en el Diario Oficial de la Federación el acuerdo en el que se dan a conocer los lineamientos que componen esta política de Estado.

No es exagerado decir que estamos ante un hecho histórico, pues hemos logrado conjuntar los esfuerzos de instituciones públicas y privadas que han venido trabajando, algunas desde hace más de un siglo, como el Observatorio Nacional, el Servicio Meteorológico Nacional y la Universidad Nacional Autónoma de México, para desentrañar los secretos del espacio y traducir la ciencia básica en beneficios tangibles para la sociedad.

Un ejemplo muy claro de la utilidad que tienen las actividades conectadas con el espacio exterior son los servicios que aportan los satélites artificiales.

Desde el comienzo de esta tecnología, se han lanzado alrededor de seis mil quinientos satélites desde diversos países, que desempeñan una amplia gama de funciones.

Desde la obtención de datos meteorológicos y de reconocimiento, que ayudan a prevenir pérdidas humanas, atender situaciones de emergencia derivadas de desastres naturales y a estudiar los cambios climáticos, hasta los sistemas de navegación que intervienen para establecer la ubicación y mejorar la seguridad de los transportes, pasando por la percepción remota, que nos permite identificar regiones ricas en materias primas y hacer un mejor uso de los recursos naturales, estas tecnologías brindan una ayuda invaluable para obtener información precisa sobre nuestro planeta.

En la oceanografía, los datos que envían los satélites a la Tierra permiten estudiar las corrientes marítimas y su influencia en los litorales.

También ayudan a la vigilancia de las fronteras y a detectar embarcaciones y aeronaves no autorizadas en nuestro territorio, con lo cual contribuyen a la seguridad nacional. Las imágenes de locaciones sirven, asimismo, para realizar análisis de mercado.

Mediante los satélites, se puede hacer un seguimiento de la actividad del sol y estudiar las fluctuaciones del viento solar que

afectan el magnetismo de nuestro planeta, y a veces el funcionamiento de las comunicaciones.

Los satélites potencian las conexiones de telefonía y la difusión
de señales de radio y televisión. También ofrecen las condiciones
para prestar, por ejemplo, servicios de telemedicina y educación a
distancia, reducir la brecha digital y vincular regiones geográfica-
mente aisladas o remotas.

En este sentido, la Secretaría de Comunicaciones y Transportes trabaja con redes satelitales para llevar servicio de internet a
lugares en donde no se puede acceder de otra manera. A la fecha,
hemos instalado más de seis mil setecientos Centros Comunita-
rios Digitales en comunidades remotas de todo el país, y tenemos
programado llegar a veinticuatro mil comunidades al cierre de
2012.

De este modo, los sistemas de comunicación se han converti-
do en un auxiliar indispensable para mejorar el nivel y la calidad
de vida de las personas. Los satélites contribuyen a mantener la
seguridad de la sociedad en su sentido más amplio, y al desarrollo
económico, social y cultural de las naciones.

Es por ello que más de cincuenta países en el mundo ya
cuentan con una Agencia Espacial.

En México, son cada vez más las instituciones públicas, privadas y científicas que intervienen en el desarrollo de las actividades
espaciales.

Tan solo en la industria, en el país funcionan actualmente más
de doscientas empresas dedicadas a manufactura, mantenimiento, reparación, ingeniería y diseños espaciales.

Por esto es tan importante contar con una política espacial de
Estado, con objetivos claros y acciones concretas, que nos permitan coordinar esfuerzos y lograr que las actividades espaciales se
conviertan en un pilar del desarrollo económico y cultural de la
nación.

Conforme a los lineamientos de la política espacial mexicana, la nueva Agencia cuenta con autonomía para vincular, integrar y coordinar el desempeño de todos los agentes institucionales, públicos y privados, que se dedican a la actividad espacial, de manera que se pueda consolidar una base nacional sólida, capaz de alternar con entidades similares de otros países.

Tendrá la responsabilidad de propiciar una normatividad que estimule el crecimiento del sector, y coordinará el desarrollo de sistemas de normalización y acreditación en la materia.

El objetivo es traducir el desarrollo aeroespacial científico, tecnológico e industrial del país en nuevos nichos de oportunidad que potencien la competitividad internacional, y podamos participar en proyectos de colaboración con otras agencias espaciales.

Buscamos consolidar en México un mercado de cadenas productivas formadas por empresas públicas y privadas, consultores, instituciones académicas y proveedores de información y tecnología, por mencionar algunos de sus más importantes eslabones. En este entorno, se abrirán opciones atractivas para inversionistas nacionales y extranjeros.

Todo ello genera nuevas necesidades de personal capacitado, y lleva a la creación de más y mejores empleos.

En un mundo donde el saber es la base del crecimiento de la economía, no puede haber desarrollo sin investigación científica y tecnológica. La política espacial mexicana será un elemento central en el fomento de la investigación y la innovación en el país, vinculadas a la planta productiva.

México tiene excelentes instituciones educativas, donde cada año se forman especialistas de la mejor calidad en distintas vertientes de la industria aeroespacial. Hasta ahora, muchos de ellos se han visto obligados a emigrar al extranjero en busca de oportunidades para trabajar en su área de conocimiento.

Con la creación de la Agencia Espacial Mexicana, los especialistas nacionales tendrán nuevas opciones para poner en acción sus conocimientos dentro de México.

La Agencia fortalecerá redes de aprendizaje y estará en contacto con instituciones de educación superior, a través de programas de intercambio académico y becas. De este modo, estoy seguro de que contribuirá al fortalecimiento del sistema educativo y de la planta académica, con lo que se crearán mejores condiciones para la participación de jóvenes en las actividades espaciales.

Esta política, finalmente, considera prioritario el uso de las aplicaciones satelitales para preservar la soberanía nacional, reforzar la seguridad pública, proteger a la población y apoyar el uso sustentable de los recursos naturales, mediante un mejor conocimiento y vigilancia de nuestro territorio.

El Gobierno del señor Presidente de la República, Felipe Calderón Hinojosa, ha sido innovador en muchos sentidos. Durante este sexenio se han dado grandes avances en materia de comunicaciones y transportes.

La creación de la Agencia Espacial Mexicana es un paso indispensable, que a México le faltaba dar, hacia el país moderno y con mejores oportunidades para todos, que estamos construyendo.

Próximamente se emitirá la convocatoria para la designación del Director General de la Agencia Espacial Mexicana, quien encabezará los esfuerzos de elaboración del Programa Nacional de Actividades Espaciales, el Estatuto Orgánico y el Reglamento Interno para crear una agencia que aplique las mejores prácticas internacionales.

La Agencia ya tiene invitaciones formales para acercarse a sus contrapartes de otros países, como Estados Unidos, Brasil, Alemania, Rusia e India.

También hemos recibido diversas invitaciones para la celebración de convenios de colaboración que permitan la transferencia de tecnologías para la fabricación, por ejemplo, de un satélite de órbita baja de observación de la Tierra, especializado, entre otras tareas, en la detección temprana de incendios, que nos ayudará a reducir los daños a nuestros bosques.

Por su parte, la comunidad científica se ha acercado a la Agencia para promover acuerdos de cooperación con otros organismos similares en el mundo, por ejemplo, para el desarrollo de satélites pequeños con Japón, y satélites de telecomunicaciones con el Reino Unido.

En la Secretaría de Comunicaciones y Transportes continuaremos trabajando para ampliar la infraestructura e impulsar el desarrollo científico y tecnológico que el país requiere, a fin de sostener su crecimiento en los años por venir.

Los invito a que sigamos trabajando coordinada y concertadamente, para que las actividades espaciales mexicanas se desenvuelvan en condiciones favorables, y ocupen el lugar preponderante que deben tener en nuestro desarrollo.

Muchas gracias.

La Junta de Gobierno emitió la convocatoria para la designación del Director General en septiembre de 2011. En sus bases se solicitaba diversa documentación, incluyendo un ensayo sobre el Programa Nacional de Actividades Espaciales, así como otro en el que el aspirante expusiera por qué consideraba tener la experiencia y aptitudes necesarias para dirigir la Agencia.

Se registraron dieciocho candidatos y confirmaron su participación diecisiete. La Junta de Gobierno elaboró una lista de recomendación con cinco finalistas, basada en los votos de sus integrantes.

Tomando en cuenta la documentación presentada y las entrevistas realizadas, la Junta de Gobierno propuso finalmente el siguiente orden de prelación para la selección del Director General:

Salvador Landeros Ayala

Francisco Javier Mendieta Jiménez

Sergio Viñals Padilla

Después vinieron las entrevistas con el Secretario de Comunica-ciones y Transportes. La mía fue particularmente cordial y amis-tosa. Conversamos sobre muchos temas y, conforme avanzaba la charla, sentía con creciente claridad que yo sería el designado. Al final, el secretario me dijo: «Prepárate para entrevistarte con el Presidente de la República». Otro detalle que reforzó esa impre-sión fue que, al llegar al Centro SCOP, el secretario me comentó que debía atender un asunto familiar en su casa y me propuso: «¿Por qué no me acompañas? Platicamos en el camino y luego te regresa mi asistente». Aquella noche me fui a dormir con la certeza de que sería yo. Al día siguiente, me enteré de que la Pre-sidencia ya había solicitado mi expediente.

Finalmente, en noviembre de 2011, el Presidente de la Repú-blica designó a Francisco Javier Mendieta Jiménez como Director General de la Agencia Espacial Mexicana.

A Javier lo conocía desde nuestra juventud, cuando iniciába-mos nuestras actividades académicas como ayudantes, y luego como profesores en la Facultad de Ingeniería de la UNAM. Con Sergio Viñals me unía también una larga y entrañable amistad, por lo que conocía bien sus trayectorias y capacidades. Sin duda, debieron influir otros factores además del mérito para que el Presidente optara por Javier. Me comentaron que una posible influencia fue su relación con el entonces Secretario de Goberna-ción, Francisco Blake Mora. No fue mi momento. Pero en 2019, la oportunidad volvió a presentarse, y fui designado Director General de la AEM. No olvido la Plaza... ni La Abeja.

Otras leyes, como la Ley Televisa o la de Telecomunicaciones, carecían del impulso al desarrollo tecnológico. Para nada el im-pulsar la tecnología mexicana.

Director General de la Agencia Espacial Mexicana

En 2019, siendo Javier Jiménez Espriú Secretario de Comunicaciones y Transportes y Salma Jalife Villalón Subsecretaria de Comunicaciones, fui citado en sus oficinas para recibir la propuesta de asumir la Dirección General de la Agencia Espacial Mexicana (AEM). La invitación me entusiasmó profundamente y acepté de inmediato. Así, recibí el nombramiento del presidente Andrés Manuel López Obrador con fecha efectiva a partir del 1.º de noviembre de ese año. De acuerdo con la ley de creación de la AEM, dicha designación corresponde al titular del Ejecutivo Federal.

El nombramiento decía:

C. Salvador Landeros Ayala

Presente

Andrés Manuel López Obrador, Presidente de los Estados Unidos Mexicanos, en ejercicio de la facultad que me confiere el artículo 10 de la ley que crea la Agencia Espacial Mexicana, he tenido a bien nombrarlo Director General de la Agencia Espacial Mexicana por un periodo de cuatro años, a partir del 1 de noviembre de 2019.

Firma del Presidente

Ciudad de México, a 1 de noviembre de 2019

Semanas antes, con el fin de asegurar una etapa de transición con el director saliente, Francisco Mendieta Jiménez, ambos asistimos al Congreso de la International Astronautical Federation (IAF), celebrado del 21 al 25 de octubre en la ciudad de Washington, D. C. De ello informé oportunamente a las autoridades de la Secretaría de Comunicaciones y Transportes (SCT) en los siguientes términos:

1. Se estableció contacto con los directores generales de las principales agencias espaciales (ESA, NASA, Alemania, Japón, Francia, Rusia, Italia, Países Bajos, India, Rumanía, Brasil, Canadá, Polonia, Reino Unido, Emiratos Árabes Unidos e Israel), y participé en una reunión conjunta con todos ellos. El Director Asociado de la NASA manifestó un interés especial en ampliar el programa de estancias para estudiantes mexicanos en sus centros.

2. Sostuve encuentros con el presidente de la International Academy of Astronautics, así como con los presidentes saliente y entrante de la IAF. Además, me reuní con el ministro de Ciencia, Innovación y Universidades de España, el astronauta Pedro Duque, a quien conocía desde años atrás, cuando coincidimos como profesores en una maestría de la Universidad Politécnica de Madrid.

3. La embajadora Martha Bárcena me llamó para invitarme a su oficina en Washington, donde me expresó su total disposición a apoyar las colaboraciones conjuntas entre México y Estados Unidos.

4. Durante la Asamblea General de la IAF, sugerí a Javier Mendieta que mencionara públicamente el término de su gestión y el inicio de la mía. Así fue, y la noticia se recibió con aplausos por parte de los asistentes.

5. Sostuve además reuniones con centros de investigación y empresas vinculadas al ámbito espacial, fortaleciendo vínculos estratégicos para futuros proyectos.
6. Por parte de la UNAM asistieron cuatro profesores e investigadores.
7. También acudió un nutrido grupo de jóvenes mexicanos, todos ellos con una enorme motivación. Uno de ellos, que estaba por concluir su doctorado en Japón, recibió el reconocimiento Emerging Space Leaders.

Viví este congreso internacional —el más importante en materia espacial a nivel mundial— con gran emoción, impulsado por mi pasión, mis anhelos y mis sueños en torno al espacio.

Cuando se difundió la noticia de mi nombramiento, fue verdaderamente impresionante constatar el impacto positivo en los medios: cerca de 300 lo publicaron sin que se generara una sola reacción adversa. Recibí cartas de felicitación de embajadores, secretarios de Estado, empresarios y rectores. A modo de ejemplo, comparto la nota que me envió el rector de la UNAM, Enrique Graue:

Estimado señor Director:

Le expreso mi más sincera felicitación por su nombramiento como Director General de la Agencia Espacial Mexicana.

Indudablemente este encargo representa una gran responsabilidad, pero al mismo tiempo, la enorme satisfacción de tener la posibilidad de contribuir, desde dicha institución, al desarrollo de nuestra sociedad.

Para la Universidad Nacional Autónoma de México es un gran orgullo el que uno de nuestros más destacados egresados nos represente. Cuente siempre con la UNAM para unir esfuerzos a fin de impulsar el sistema educativo de nuestros jóvenes.

Reciba mi reconocimiento y consideración.

Atentamente,

Tiempo después firmé un convenio de colaboración con el rector Graue, del cual se desprendieron importantes proyectos, con logros de gran trascendencia.

Durante esa misma etapa de transición, me reuní con el cuerpo directivo de la Agencia e invité a posibles futuros colaboradores, entre ellos al doctor Rodolfo Neri Vela. Me enteré, por cierto, de que a él le habían ofrecido previamente el cargo, pero lo declinó generosamente en mi favor.

En noviembre, inicio con gran motivación mi gestión, dando continuidad a varios proyectos en curso y concentrándome, entre otras tareas, en alinear los ejes estratégicos de la Secretaría de Comunicaciones y Transportes (SCT) con los de la Agencia Espacial Mexicana, como se muestra a continuación:

Ejes SCT	Ejes AEM
1. Impulsar el desarrollo de infraestructura de telecomunicaciones y radiodifusión en redes críticas y de alto desempeño para el desarrollo económico y social de México	Impulsar el desarrollo de infraestructura de telecomunicaciones espaciales y de observación del territorio, en redes críticas y de alto desempeño, para el desarrollo social y económico de México
2. Promover la cobertura social y el acceso a Internet y banda ancha como servicios fundamentales para el bienestar y la inclusión social	2. Promover la cobertura social y el acceso a Internet de banda ancha a través de sistemas y redes basadas en tecnología espacial, como servicios para el bienestar y la inclusión social
3. Desarrollar habilidades y modelos para la transformación digital	3. Desarrollar habilidades y construir capacidades en el sector espacial para la transformación digital

4. Promover el desarrollo tecnológico en diversos campos de las telecomunicaciones y la radiodifusión para la transformación e inclusión social	4. Promover el desarrollo tecnológico y la innovación en el campo de las telecomunicaciones espaciales y de observación del territorio, basados en tecnología espacial, para la transformación e inclusión social
5. Coordinación del proceso de elaboración de políticas públicas, su evaluación y participación institucional	5. Incorporar en el proceso de elaboración de políticas públicas, las oportunidades que ofrece el espacio con participación interinstitucional

También llevamos a cabo diversas gestiones para obtener recursos que permitieran concluir las obras de los Centros Regionales de Desarrollo Espacial (CREDES) en Atlacomulco y Zacatecas. Por fortuna, la Secretaría de Comunicaciones y Transportes nos brindó apoyo con recursos, destinados tanto a la finalización de dichas obras como a la adquisición de la primera etapa de equipamiento.

Durante mi gestión, me acompañó un equipo de colaboradores directos que desempeñaron sus funciones con gran compromiso y profesionalismo:

- Carlos Roberto de Jesús Duarte Muñoz, Coordinador General de Formación de Capital Humano en el Campo Espacial.
- Alejandro Monsiváis Huertero / Adán Salazar Garibay, Coordinador General de Investigación Científica y Desarrollo Tecnológico Espacial.
- Dionisio Tun Molina / Alberto Lepe Zúñiga, Coordinador General de Desarrollo Industrial, Comercial y Competitividad en el Sector Espacial.

- Rosa María Ramírez de Arellano y Haro, Coordinadora General de Asuntos Internacionales y Seguridad en Materia Espacial.
- Héctor Daniel Ortega Maciel, Coordinador General de Financiamiento y Gestión de la Información en Materia Espacial.
- Guillermo Castro Sandoval, Director de Difusión y Relaciones Interinstitucionales.
- Christian Terres Anaya, Director de Asuntos Jurídicos.
- Francisco López Cardiel / David Vanegas Cruz, Director de Administración.
- Claudia Eugenia Alejandra Cervantes Maldonado, Directora de Innovación y Competitividad.
- David Hernández Vera / José Domínguez, Órgano Interno de Control.
- Verania Echaide / Claudia González, Asistente.

El año 2020 fue de gran intensidad debido a la pandemia. En los primeros meses, se desplegó el nanosatélite AztechSat desde la Estación Espacial Internacional. Asimismo, se llevaron a cabo diversas reuniones con agencias espaciales para compartir experiencias relacionadas con el COVID—19. A continuación, se resumen algunas de las principales colaboraciones:

- Agencia India de Investigación Espacial (ISRO). Durante la reunión con ISRO, se mencionó cómo esta agencia está implementando acciones para coadyuvar a la contención de la propagación del virus COVID—19. De forma análoga a las acciones en México, India también ha implementado sistemas epidemiológicos ambientales basados en Sistemas de Información Geográfica (SIG). ISRO utiliza imágenes satelitales ópticas de alta resolución para determinar el uso de suelo, e información in situ para establecer las actividades económicas de las poblaciones y la salud de su población. En el caso de la India, se definen dos tipos de zonas epidemiológicas, la zona de contención que concentra la mayoría de los casos de pacientes contaminados y las zonas de amortiguamiento que rodean a las zonas de contención. La principal diferencia es que en la zona de contención solo se permiten las actividades relacionadas con la alimentación y la salud y no está permitido el libre tránsito de la población; por el contrario, en la zona de amortiguamiento, además de las actividades esenciales, se permite también el desarrollo de la principal actividad económica de la región.

- Comisión Nacional de Actividades Espaciales de Argentina (CONAE). En CONAE, se ha estado desarrollando actividades de epidemiología ambiental/panorámica basadas en plataformas SIG. En este caso, la CONAE, además de la información de salud de la población, casos confirmados y actividades económicas, también incluye información proporcionada por modelos epidemiológicos matemáticos y estudios meteorológicos. Los estudios meteorológicos aún se encuentran en un estado preliminar; sin embargo, han estado estudiando más a detalle la eventual relación que pudiese tener el NO_2 en incrementar la propagación ambiental del COVID—19. Asimismo, se está trabajando sobre el efecto que tiene la temperatura ambiental y la humedad relativa en alargar el tipo de vida del COVID—19 sobre cierto tipo de superficies. En esta reunión, se estableció un vínculo entre CONAE y los principales actores mexicanos trabajando sobre esta temática. De igual forma, se acordó que el grupo mexicano trabajando en la plataforma de epidemiología panorámica establecería el contacto directo con su contraparte en Argentina.

- Agencia Espacial Europea (ESA). La ESA presentó las actividades que ha desarrollado para apoyar proyectos sobre medicina espacial. Se mencionaron estimaciones de dispersión de vectores epidemiológicos de mosquitos correlacionados con cuestiones meteorológicas como, por ejemplo, el zika, el uso de inteligencia artificial para la explotación de información satelital y la correlación entre densidad de partículas contaminantes y enfermedades respiratorias y de niveles de radiación solar y problemas dermatológicos. Asimismo, mostraron la experiencia de implementación de comunicaciones móviles mediante satélites en apoyo a proyectos de telemedicina, particularmente en el Amazonas y zonas de África, así como laboratorios biológicos móviles implementados durante las epidemias del ébola. En cuanto a proyectos específicos relacionados con el COVID—19, aún no tienen proyectos vigentes, pero tienen tres convocatorias relacionadas con proyectos utilizando tecnología espacial en apoyo a la contención del COVID—19. Estas convocatorias han salido publicadas en colaboración con la Agencia Espacial del Reino Unido y la Agencia Espacial Italiana, entre otras agencias espaciales de Europa. Asimismo, ESA puso a nuestra disposición toda su información de observación de la Tierra para el desarrollo de proyectos sobre el COVID—19.
- Agencia Espacial Italiana (ASI). La ASI mencionó que no ha realizado acciones propias encaminadas a coadyuvar a la contención del COVID—19; sin embargo, ha jugado un papel de proveedor de información satelital, principalmente, para plataformas SIG empleadas para estudios sobre la pandemia. Asimismo, comentó que toda la información de sus satélites de observación de la Tierra se ha puesto a disposición de las instituciones italianas para estudios sobre

el COVID—19. Como ejemplo de la información que han provisto se encuentra información sobre NO_2, calidad del aire, cartografía, densidad de movilidad de autos y censos de inmuebles. La ASI, en colaboración con la ESA, lanzó una convocatoria para proyectos relacionados con la utilización de información satelital aplicada al seguimiento de transmisión del coronavirus.

De esta reunión, se acordó que la AEM analizaría la información proporcionada por los satélites italianos para solicitar las imágenes necesarias en estudios que podrían beneficiar a México en la problemática epidemiológica actual.

- Centro Nacional de Estudios Espaciales de Francia (CNES). El CNES, como otras agencias espaciales, ha puesto especial interés en el desarrollo de proyectos sobre telemedicina para coadyuvar en las acciones de contención del COVID—19. En estos proyectos, se han instalado dispositivos portátiles para facilitar la comunicación con centros de comandos médicos para la atención de pacientes contaminados. Asimismo, se ha utilizado la tecnología satelital para el apoyo de los servicios de educación a distancia y la disponibilidad del servicio de internet en todo el territorio francés durante la contingencia. El CNES ha trabajado de forma estrecha con compañías locales sobre la integración de observación satelital y datos in situ para el desarrollo de modelos matemáticos que permitan tener una estimación del impacto económico sobre la economía francesa. En cuanto al seguimiento de movilidad de personas, son más bien las empresas privadas quienes han trabajado para el desarrollo de plataformas basadas en la tecnología bluetooth para el seguimiento de personas. Se estableció el acuerdo de continuar con el intercambio de información para identificar puntos específicos de colaboración y poder solicitar las imágenes que permitan el desarrollo de iniciativas conjuntas entre ambos países.

- Agencia Espacial Japonesa (JAXA). A diferencia de otras agencias espaciales, JAXA manifestó que ha jugado un papel de proveedor de información y no ha tenido un papel vital en estudios de contención del COVID—19. Particularmente, ha puesto a disposición la información de toda su flota de satélites, incluyendo tanto sensores ópticos como de radar, principalmente para cubrir aplicaciones de monitoreo ambiental y meteorológico. Asimismo, mencionó que tiene a disposición libre todos los productos generados a partir de sus satélites. Manifestó que México puede tener acceso a toda la información que se le requiera, por los medios pertinentes, para atender la contingencia del COVID—19. Asimismo, se presentó la iniciativa que JAXA elaboró en conjunto con NASA y ESA para la propuesta de ideas sobre la explotación de información espacial en apoyo a la contingencia del COVID—19.
- Agencia Espacial Mexicana (AEM). Actualmente, la AEM participa con el Centro Nacional de Apoyo para Contingencias Epidemiológicas y Desastres, A.C. (CENACED) y otros grupos de desarrollo para la puesta en marcha de servicios de teleasistencia médica y psicológica (Universidad Anáhuac) y la implementación de un Sistema de Información Geográfica (SIG) para aplicaciones de epidemiología ambiental (Universidad Autónoma de San Luis Potosí y CentroGeo de Conacyt). La integración del sistema de epidemiología ambiental en conjunto con la información provista por el centro de teleasistencia permitirá la definición de regiones epidemiológicas tomando en cuenta el uso de suelo, las condiciones de actividades, de comorbilidades de la población, grupos de edades, etcétera. Para ello y a inicia-

tiva de la AEM, se lanzó una convocatoria en el Conacyt para los propósitos mencionados.

También sostuve reuniones con el canciller Marcelo Ebrard, con el propósito de que, durante la Presidencia Pro Tempore de la Comunidad de Estados Latinoamericanos y Caribeños (CELAC), que México asumiría, se otorgara prioridad a las actividades espaciales. En dicho encuentro, el canciller me mostró una lista de catorce temas considerados como prioritarios, encabezada precisamente por el tema espacial.

Tras la toma de posesión de la Presidencia Pro Tempore por parte de México, en enero de 2020, se establecieron las áreas de trabajo, destacando entre ellas la Cooperación Espacial como una de las principales líneas estratégicas.

Con el objetivo de lograr resultados concretos, la primera acción emprendida fue la organización del Encuentro de Agencias Espaciales de la Comunidad de Estados Latinoamericanos y Caribeños, celebrado en julio de 2020. En dicho encuentro, se hizo evidente la necesidad de crear una Agencia Espacial Latinoamericana y Caribeña.

Los representantes de diversas agencias espaciales —entre ellas, por supuesto, la de México— respaldaron las propuestas presentadas. Los demás participantes subrayaron la importancia de incrementar la cooperación regional y de compartir información satelital para mejorar, entre otras cosas, los sistemas de prevención de desastres, la agricultura y la salud. En suma, se propuso desarrollar un sistema que gestione información espacial con miras a alcanzar una verdadera independencia tecnológica en la región.

Dicha propuesta no implica que las agencias nacionales modifiquen sus prioridades en materia espacial. Por el contrario, busca establecer mecanismos conjuntos para fortalecer, racionalizar y ampliar el alcance de los recursos mediante la cooperación en el conocimiento científico y tecnológico necesario para desarrollar proyectos específicos, lo que permitirá alcanzar una madurez acelerada, a menor costo y en un tiempo más eficiente.

Como resultado, en octubre de ese mismo año, Argentina y México firmaron la Declaración sobre la Constitución de un Mecanismo Regional de Cooperación en el Ámbito Espacial. A esta iniciativa se sumaron Paraguay, Bolivia, Ecuador y El Salvador en noviembre, con el objetivo de avanzar hacia el siguiente paso: la creación de la Agencia Latinoamericana y Caribeña del Espacio.

Para tal efecto, recibí del canciller el siguiente comunicado:

Tengo el placer de invitarlo a participar en la firma de la Declaración sobre la constitución de un Mecanismo Regional de Cooperación en el Ámbito Espacial, que tendrá lugar el día 9 de octubre de 2020 a las 10:00 horas (tiempo de la Ciudad de México) por medio de plataformas virtuales.

Este evento tiene como objetivo formalizar los acuerdos alcanzados durante el Encuentro Latinoamericano y Caribeño sobre el Espacio, celebrado el 2 de julio de 2020 como parte del primer punto del Plan de Trabajo de la Presidencia Pro Tempore (PPT) de México ante la Comunidad de Estados Latinoamericanos y Caribeños (CELAC), sobre proyectos de cooperación en materia aeroespacial.

México cree firmemente que el intercambio de conocimiento y la generación de capacidades en el campo de las ciencias y la tecnología es fundamental para el desarrollo económico y social de nuestros pueblos, además de fortalecer la integración de nuestra América Latina y el Caribe.

Esta firma brindará la oportunidad de mantener el compromiso a nivel político y dirigir los próximos pasos que harán que la Agencia Latinoamericana y Caribeña del Espacio sea una realidad. El propósito fundamental es promover la colaboración en materia de transferencia tecnológica para la elaboración de proyectos conjuntos, como la puesta en órbita del primer nanosatélite de la Comunidad de Estados Latinoamericanos y Caribeños (CELAC—SAT).

Consideramos que la AEM es un actor fundamental para la consolidación de esta institución regional, dada su participación constructiva en este rubro. La presencia de la Agencia contribuirá al éxito del proyecto y fortalecerá a México y la región frente a la comunidad internacional.

Esperando contar con su distinguida participación, hago propicia la ocasión para reiterarle las seguridades de mi más alta consideración.

Atentamente,

Derivado de lo anterior, y bajo el liderazgo de la Secretaría de Relaciones Exteriores, representantes de varias agencias espaciales nos reunimos para redactar un convenio constitutivo. Fueron largas jornadas de trabajo, intensas y sostenidas, a lo largo de días y semanas. Como parte de este proceso, en julio de 2021, en el Castillo de Chapultepec, Argentina, Paraguay, Bolivia, Ecuador, Costa Rica y México firmaron el Convenio Constitutivo para la creación de la Agencia Latinoamericana y Caribeña del Espacio.

Posteriormente, en septiembre del mismo año, durante una reunión de la CELAC celebrada en el Palacio Nacional de México, se sumaron doce países más.

La constitución de una agencia de esta naturaleza implica varias etapas, en las cuales los países se van adhiriendo gradualmente, y al final se alcanzó la participación de veintiún naciones.

Una de las cláusulas del convenio establecía que, al ser ratificado por once países con el visto bueno de sus respectivos congresos, quedaría formalmente constituida la Agencia Latinoamericana y Caribeña del Espacio (ALCE), lo cual se concretó en 2024.

También logramos que la sede de la agencia fuera México, con base en los siguientes argumentos:

México, a través de su Agencia Espacial, se propuso como sede para constituir la Agencia Latinoamericana y Caribeña del Espacio (ALCE), apoyándose en su vasta tradición en actividades espaciales, que se remonta a 1962, cuando por decreto presidencial se creó la Comisión Nacional del Espacio Exterior como un organismo técnico especializado, con el objetivo de controlar y fomentar todo lo relacionado con la investigación, exploración y utilización pacífica del espacio exterior.

A lo largo de los años, México ha desarrollado proyectos notables, como la construcción y lanzamiento de los microsatélites UNAMSAT; el diseño de cohetes sonda para estudios atmosféricos; proyectos de detectores bidimensionales; la construcción del Gran Telescopio Milimétrico; la realización de un radiotelescopio para el estudio del medio interplanetario; el uso de tecnología espacial aplicada a la medicina; la formación de recursos humanos especializados; el desarrollo de detectores de microondas; proyectos de electrónica terrestre como Colibrí; un laboratorio de ultra alto vacío; una estación de recepción de imágenes satelitales; un sistema de desarrollo de sistemas GPS; una estación de microondas punto a punto; accesorios para bisturí electrónico, y un proyecto de control de altitud satelital.

En materia de telecomunicaciones satelitales, México ha tenido avances de gran relevancia desde el lanzamiento de la primera generación de satélites mexicanos, los Morelos I y II en 1985, seguido por la participación del primer astronauta mexicano y los experimentos científicos que realizó en el espacio. Posteriormente se lanzaron los satélites Solidaridad I y II, el QuetzSat, el Satmex 5, los Eutelsat 6, 7, 8 y 9, así como los satélites Bicentenario y Morelos III.

En el campo de la observación de la Tierra, la recepción y procesamiento de imágenes satelitales ha alcanzado una cobertura muy amplia, gracias a la instalación de estaciones terrenas capaces de recibir imágenes de diversos satélites, como Aqua, Terra, Landsat, GeoEye, WorldView, SPOT, GOES, Suomi—NPP y Sentinel. Estas imágenes se aplican a múltiples ámbitos: agricultura, atención a desastres naturales, seguridad y vigilancia, meteorología, medio ambiente, cambio climático, gestión de recursos naturales, oceanografía, cartografía e inteligencia urbana.

En México, diversas instituciones han logrado desarrollar capacidades notables tanto en el análisis y explotación de imágenes satelitales como en la construcción de nanosatélites con fines científicos y tecnológicos.

Actualmente, contamos con un vasto potencial de especialistas en telecomunicaciones satelitales, observación terrestre y exploración espacial, quienes participan en proyectos vinculados al espacio profundo, incluyendo experimentos dirigidos a la Luna y a Marte. No podemos dejar de mencionar también el trabajo en astronomía, donde destacan astrobiólogos, astrofísicos y geofísicos, así como expertos en medicina espacial con experiencia en el monitoreo de sistemas cardiovasculares, musculoesqueléticos y neurológicos. Todos ellos mantienen el prestigio internacional de nuestro país en materia espacial.

Además, contamos con los Centros de Desarrollo Espacial en las ciudades de Zacatecas y Atlacomulco, destinados a impulsar las actividades espaciales y la formación de capital humano, así como con un Centro de Información Galileo.

Nuestra participación en temas de colaboración con las principales agencias espaciales del mundo es significativa, particularmente por formar parte del G20. Asimismo, México interviene activamente en organismos internacionales como la UNOOSA, COPUOS, NOAA, ECC, OCDE, UIT, entre otros.

En cuanto al desarrollo industrial, México alberga más de 300 empresas en el sector aeroespacial; varias de ellas ya se dedican a actividades espaciales, y otras poseen un gran potencial y vocación para incursionar en este ámbito.

Contamos con instituciones de educación superior de gran prestigio internacional, como la UNAM, el IPN, el Tecnológico de Monterrey, la UAM, el ITAM, la UANL, la UdeG, UAZ, el Tecno¬lógico Nacional de México, entre muchas otras universidades de alto nivel académico.

Para albergar la sede, tenemos contemplado, en una primera etapa, asignar a cinco personas y cubrir los siguientes gastos: edificio, mobiliario, tecnologías de la información y comunicación (TIC), seguridad, fotocopiado, limpieza y energía eléctrica.

En el segundo año, se prevé incrementar el personal a ocho personas. Los gastos aproximados durante la primera etapa serían de ocho mil dólares mensuales, y en el segundo año, ascenderían a aproximadamente quince mil dólares mensuales.

En paralelo a esta iniciativa, se lanzó la propuesta de la Industria Espacial junto con la Federación Mexicana de la Industria Aeroespacial; se llevó a cabo el primer Congreso Nacional de Actividades Espaciales (CONACES); se celebraron los diez años de la AEM y los treinta y cinco del lanzamiento del satélite Morelos II y del viaje al espacio del primer astronauta mexicano; entraron en operación los CREDES; se iniciaron los proyectos, a nivel conceptual, de los satélites de observación de la Tierra para México y del satélite de telecomunicaciones de nueva generación con tecnologías avanzadas; además de muchas otras actividades de carácter nacional e internacional.

En los años siguientes, se participó con la Cámara de Diputados en la iniciativa para reformar los artículos 28 y 73 de la Constitución, con el objetivo de reconocer las actividades espaciales como una prioridad nacional y regular diversas de sus aplicaciones. Este dictamen fue aprobado en abril de 2023 por la Cámara de Diputados con 462 votos a favor, ninguno en contra y 25 abstenciones, y actualmente espera la aprobación de la Cámara de Senadores. También se participó en eventos de cohetería, en la construcción de nanosatélites y en una gran variedad de proyectos. Se firmaron convenios, entre ellos uno con la Agencia Espacial Europea, que representó un gesto de confianza hacia México, ya que rara vez firmaban convenios con agencias pequeñas. Este logro fue posible gracias a una reunión que sostuve con el director de la ESA en un congreso, donde le propuse formalizar dicho acuerdo, que finalmente dio frutos con proyectos que beneficiaron a diversas instituciones mexicanas en temas como agua, desarrollo urbano y prevención de desastres naturales.

Con la NASA se estrecharon vínculos a través de los proyectos Aztechsat, Omecca y los Acuerdos Artemis, al punto que, en 2024, recibimos la visita de una delegación encabezada por el administrador Bill Nelson y la administradora asociada Pamela Melroy. Se programaron reuniones con autoridades de la SICT, FEMIA, UNAM, IPN, así como en el Senado y en Palacio Nacional con el presidente de la República. Meses después, volví a encontrarme con Bill Nelson en el Congreso Internacional de Astronáutica (IAC) de la IAF en Milán, Italia. Antes del inicio, en la sala VIP de espera, una de sus colaboradoras se acercó para preguntarme si podía ir a conversar con él. Hablamos unos minutos sobre las contribuciones de los mayas a la astronomía y sobre su legado en el estudio del espacio.

Los congresos de la IAC son el equivalente a los Juegos Olímpicos del sector espacial: reúnen a más de once mil participantes de ciento veinte países, con más de quinientos expositores distribuidos en ocho mil metros cuadrados, y reciben alrededor de siete mil artículos, de los cuales se seleccionan más de dos mil para presentaciones orales, otro tanto para presentaciones interactivas y cerca de quinientos como respaldo. En los últimos congresos tuve la gran oportunidad de participar en mesas redondas con mis colegas de varias agencias espaciales.

A finales de ese mismo año, volví a coincidir con Pamela en una reunión celebrada en la Ciudad de México, centrada en la cooperación entre Estados Unidos y México en materia de astronomía.

También tuve relación con importantes agencias espaciales y una gran amistad con sus directores generales, especialmente con Josef Aschbacher, Hiroshi Yamakawa, Dmitri Rogozin, Raúl Kulichevsky, Carlos Texeira, Miguel Belló /Juan Carlos Cortés y Sreedhara Somanath, de ESA, JAXA de Japón, Roscosmos de Rusia, CONAE de Argentina, AEB, AEE e ISRO de India, respectivamente. Con todos ellos teníamos proyectos de colaboración.

La astronomía en México se practica desde la época prehispánica, cuando la cronología y la elaboración de un calendario preciso fueron motivaciones fundamentales para su estudio, probablemente ligadas a la necesidad de predecir las estaciones agrícolas. Los antiguos astrónomos mesoamericanos observaron y predijeron con notable precisión eclipses, fases lunares —llenas y nuevas—, posiciones planetarias, así como el advenimiento de equinoccios y solsticios. El célebre calendario azteca, desarrollado por esta civilización, es incluso más preciso que el calendario gregoriano que utilizamos hoy en día.

A lo largo de las décadas, México ha avanzado significativamente en la investigación y el desarrollo científico en el campo astronómico. Los observatorios instalados en distintos puntos del país han sido punta de lanza para astrónomos y astrofísicos, tanto nacionales como internacionales. El país cuenta con tres grandes complejos astronómicos, en su mayoría vinculados a instituciones educativas.

Se trata del Observatorio Astronómico Nacional (OAN), a cargo de la UNAM, el cual cuenta actualmente con diez telescopios que operan en la Sierra de San Pedro Mártir, en Baja California, al noroeste del país.

También comprende el Observatorio Astronómico Nacional de Tonantzintla y el Observatorio Astronómico Guillermo Haro, este último perteneciente y operado por el Instituto Nacional de Astrofísica, Óptica y Electrónica, ubicado en la ciudad de Cananea, Sonora. Desde estos centros se desarrollan actividades de observación, investigación, desarrollo tecnológico, divulgación científica, y formación tanto para profesionales como, en algunos casos, para aficionados.

Nunca olvidaré el eclipse que presencié en 2024 en Mazatlán (uno de los mejores lugares para observarlo), junto con los científicos de la NASA, desde donde transmitieron las imágenes a todo el mundo. Fue algo impresionante al ver el círculo negro, sentir los cambios de temperatura y el increíble cambio de día a noche.

Las actividades realizadas por la Agencia Espacial Mexicana del 1 de noviembre de 2019 al 31 de diciembre de 2024 incluyen, entre otras:

- Apoyo financiero y logístico a la Universidad Popular Autónoma del Estado de Puebla (UPAEP) para el diseño, desarrollo, construcción y gestión del lanzamiento —desde la Estación Espacial Internacional— del primer nanosatélite mexicano, AztechSat—1, así como la continuación con la constelación AztechSat—2 en coordinación con la NASA.
- Elaboración y publicación del Programa Nacional de Actividades Espaciales (PNAE).
- Participación en la formación de estudiantes con el nanosatélite D2/Atlacom—1, lanzado al espacio el 1 de julio de 2021.
- Participación en el desarrollo del nanosatélite Painani—2.
- Apoyo financiero y logístico al proyecto Colmena, consistente en cinco microrobots diseñados para ensamblar de forma au-

tónoma una estructura sobre la superficie lunar y tomar mediciones del regolito. Aunque la misión lanzada el 8 de enero de 2024 no logró alunizar, alcanzó un 75 % de éxito al comprobar el funcionamiento de los dispositivos mexicanos en el espacio profundo. Desarrollado por el doctor Gustavo Medina Tanco del Instituto de Ciencias Nucleares de la UNAM.

- Apoyo financiero y logístico para el desarrollo y puesta en marcha del Observatorio Mexicano del Clima y la Composición Atmosférica (OMECCA), liderado científicamente por el doctor Michel Grutter, del Instituto de Ciencias de la Atmósfera y Cambio Climático de la UNAM.
- Firma del convenio de colaboración con la FEMIA.
- Se participó con la Cámara de Diputados en la iniciativa para reformar los artículos 28 y 73.
- Conversión de la antena de telecomunicaciones Tulancingo I en radiotelescopio.
- Terminación de las obras y entrada en operación de los Centros Regionales de Desarrollo Espacial en el Estado de México y Zacatecas.
- Estudio para determinar la obsolescencia de la Estación de Recepción de Imágenes Satelitales (ERIS).
- Extinción del Fondo Sectorial de Investigación, Desarrollo Tecnológico e Innovación en Actividades Espaciales CONACYT—AEM, el cual benefició a cincuenta y nueve proyectos.
- Organización de cinco Congresos Nacionales de Actividades Espaciales, que impulsan la integración del sector espacial nacional, compartiendo resultados, experiencias e información relevante entre sus participantes.
- Participación en nueve ediciones del Congreso Mexicano de Medicina Espacial, para divulgar e intercambiar conocimientos en medicina y ciencias biológicas espaciales.

- Participación en seis ediciones del Foro «Hacia Nuevos Horizontes en la Medicina», centrado en encuentros especializados sobre medicina espacial y sus impactos en la Tierra.
- Contribución con organismos federales para la obtención de imágenes satelitales durante el huracán OTIS.
- Organización de dos ediciones del Coloquio del Espectro Radioeléctrico.
- Participación en dos Ferias Aeroespaciales Mexicanas (FAMEX), coordinando el Pabellón Espacial, que fomenta el intercambio entre el sector industrial, académico y gubernamental.
- Realización de al menos cuarenta y cinco investigaciones científicas y tecnológicas en colaboración con instituciones de educación superior nacionales e internacionales.
- Firma de cincuenta y un convenios de colaboración con sectores académico, industrial y gubernamental, para formación de capital humano, cursos, talleres, diplomados y desarrollo y lanzamiento de nanosatélites.
- Firma de cuarenta acuerdos y/o memoranda de entendimiento con veinte agencias espaciales internacionales y dos organismos vinculados al sector espacial.
- Publicación de tres libros: Medicina Espacial, Enfermería Espacial y Análisis del Desarrollo de los Satélites Mexicanos y las Constelaciones de Órbita Baja.
- Elaboración del proyecto conceptual de un satélite de telecomunicaciones con nuevas tecnologías.
- Elaboración del proyecto conceptual de una constelación de satélites de observación de la Tierra.
- Estudios preliminares para el establecimiento de una base de lanzamiento en México.

- Atención a la Auditoría Especial de Desempeño núm. 9/2023, practicada por la Auditoría Superior de la Federación, con resultado de cero observaciones.

Al final de mi gestión, la Agencia Espacial Mexicana contaba con cuatro grandes ejes estratégicos:

- Telecomunicaciones satelitales y movilidad, orientadas a garantizar y adoptar nuevas tecnologías operadas desde distintas órbitas en el espacio.
- Observación del territorio, como herramienta para el conocimiento del medio ambiente y los recursos naturales; para la planeación del desarrollo de infraestructura, así como para fines de protección, seguridad pública y seguridad nacional.
- Exploración espacial, entendida como una estrategia clave para fortalecer y actualizar la posición de México en el ámbito internacional.
- Cohetes y plataformas de lanzamiento, con miras a desarrollar capacidades propias en el acceso al espacio.

Y tres ejes transversales que articulaban toda la estrategia:

- Formación de capital humano, como base para consolidar capacidades nacionales en el ámbito espacial.
- Cooperación internacional, indispensable para compartir conocimientos, experiencias y avanzar en proyectos conjuntos.
- Desarrollo industrial, orientado a fortalecer la participación del sector productivo en las cadenas de valor del espacio.

Mi visión para el futuro en México es la siguiente:

Se lanzará un satélite de comunicaciones con tecnologías de nueva generación, que permitirá acelerar la transformación digital, ampliar la conectividad e impulsar la inclusión social, garantizando el acceso incluso en los sitios más remotos de nuestra geografía. Con ello, se fortalecerá el programa «Internet para todos». En su diseño y fabricación participarán ingenieros mexicanos, asegurando así una valiosa transferencia tecnológica.

Se pondrá en operación una constelación de satélites de observación de la Tierra con aplicaciones en agricultura y reforestación; atención a desastres naturales como sequías, inundaciones, incendios y huracanes, seguridad y vigilancia; monitoreo ambiental y del cambio climático; gestión de recursos hídricos; infraestructura; desarrollo urbano y cartografía; oceanografía; así como energía y minería, con el propósito de alcanzar una mayor soberanía sobre nuestro territorio.

Todo esto se logrará mediante el fortalecimiento de capacidades nacionales, a través de programas de diseño y desarrollo de satélites de diversas dimensiones, en coordinación con la industria, las instituciones de educación superior y los centros de investigación, en defensa de nuestra autodeterminación científica y tecnológica.

Además, con la incorporación de México a los Acuerdos Artemis en materia de exploración espacial, se impulsarán proyectos científicos y tecnológicos orientados a misiones en estaciones espaciales, así como a la Luna y a Marte. Contamos con el potencial y las capacidades necesarias para hacerlo.

Se instalará en México una plataforma de lanzamiento y se promoverá el desarrollo de cohetes experimentales, como parte del fortalecimiento de nuestra infraestructura espacial. Algo que me ha quedado muy grabado en la memoria, es haber visto en Cabo Cañaveral los lanzamientos de los cohetes SLS (Artemis I), Falcon 9, Vulcan Centaur y Atlas V. En estos tres últimos se lanzaron los proyectos Aztechsat, Colmena y el satélite GOES—T, respectivamente.

A casi cuarenta años del histórico viaje al espacio del doctor Rodolfo Neri Vela, primer astronauta mexicano, se emitirá una convocatoria nacional para que, gracias a las sólidas relaciones internacionales de México con las principales potencias espaciales del mundo, una persona de nacionalidad mexicana vuelva a viajar al espacio.

Mi interés por las nuevas tecnologías y mis vínculos con España me motivaron, en 2021, a proponer el ingreso de una destacadísima científica española a la Academia de Ingeniería de México como académica correspondiente, teniendo además el honor de ser comentarista de su trabajo. El título de su trabajo fue «Inteligencia Artificial para el Desarrollo Sostenible». Era el gran auge de la inteligencia artificial, y en esa ocasión expuse lo siguiente:

El trabajo de la doctora Oliver es sumamente completo y de enorme alcance para mejorar la calidad de vida de la población.

La autora señala que la visión europea sobre la inteligencia artificial implica desarrollar y utilizar sistemas de IA confiables, es decir, que sean seguros, éticos, transparentes, imparciales y bajo control humano. Pero subraya que es imperativo que cada persona que trabaja en este campo asuma la responsabilidad de dicha confiabilidad. Es importante mencionar que las computadoras no poseen conciencia; por ello, es mediante las habilidades cognitivas, sociales y emocionales de la inteligencia humana —como la memoria, la percepción, el conocimiento, la toma de decisiones, la imaginación, la empatía y la creatividad— que es posible alcanzar resultados profundamente positivos, que beneficien más de lo que perjudiquen a la humanidad.

Además de los elementos propios de la inteligencia humana, es necesario destacar lo señalado por Nuria respecto a la regulación, la gobernanza y las inversiones vinculadas a las políticas públicas. En mi opinión, es necesaria una regulación que evite caer en dinámicas de confrontación entre máquinas humanas y máquinas artificiales.

Como se menciona en su trabajo, la visión de los desafíos y oportunidades que representa la inteligencia artificial en relación con cada uno de los Objetivos de Desarrollo Sostenible (ODS) es amplia. Más allá de los algoritmos, la capacidad y la velocidad de procesamiento, se requieren tecnologías y herramientas que permitan integrar eficazmente la información. No es casualidad que muchas de las tecnologías emergentes actuales guarden una estrecha relación tanto con la IA como con los ODS.

Por ejemplo, tecnologías como la descarbonización, los cultivos autofertilizantes, los sensores de aliento para diagnosticar enfermedades, la fabricación de medicamentos bajo demanda, la energía derivada de señales inalámbricas, la ingeniería para un envejecimiento saludable, el amoniaco verde, los dispositivos para biomarcadores inalámbricos, las casas impresas en 3D con materiales locales, las tecnologías 5G y las aplicaciones espaciales, son todas innovaciones que se vinculan directamente con diversos ODS.

También es digno de destacar el ejemplo de la Generalitat Valenciana en la formulación de políticas públicas durante la pandemia de COVID—19, cuyas contribuciones han sido significativas tanto en España como a nivel internacional, y, sobre todo, en términos de su impacto social.

Aunado al papel fundamental que desempeñan la inteligencia artificial y el análisis de datos, somos conscientes de que todos los países requieren inversiones sustanciales para acelerar la transformación digital y fortalecer las telecomunicaciones, así como para desarrollar infraestructura en áreas clave como el transporte, la producción y distribución de alimentos, la energía eléctrica, las industrias petrolera, química y minera, los recursos hídricos, la industria automotriz y aeroespacial, la educación, la vivienda, la salud y la seguridad.

Todo ello exige una visión orientada a resolver problemas tecnológicos de manera eficaz y eficiente, con el objetivo último de mejorar la calidad de vida de la población.

La ciencia y la tecnología son esenciales para satisfacer las necesidades de la sociedad, impulsar el desarrollo económico y garantizar el suministro eficiente de servicios.

El valor de la ingeniería reside en su profunda función social.

Gran parte del progreso actual se sustenta en la economía del conocimiento; al aprovechar de manera estratégica la ciencia y la tecnología, es posible reducir la desigualdad y acelerar el crecimiento económico.

La inteligencia artificial tiene el potencial de mejorar la eficiencia y la eficacia, así como de reducir costos; sin embargo, es indispensable tomar conciencia de sus limitaciones y garantizar que su uso sea ético y responsable.

Como bien señala Nuria, vivimos en una época de gran prosperidad, pero también enfrentamos desafíos globales de enorme magnitud.

Un ejemplo claro de esta paradoja es que pertenecemos a la generación más conectada e informada de la historia, y, al mismo tiempo, a la más desconectada de los problemas del medio ambiente, del calentamiento global y de la desigualdad social.

El planeta enfrenta problemas críticos que ejercen una presión y un riesgo crecientes sobre los recursos hídricos: el crecimiento poblacional, el cambio climático, los fenómenos meteorológicos extremos, el envejecimiento de la infraestructura relacionada con el agua, así como la creciente demanda de alimentos, energía y producción industrial.

Nuria cree firmemente —como yo también creo— en el valor de la tecnología para mejorar la vida de las personas, tanto en lo individual como en lo colectivo, y coincidimos en haber dedicado nuestra trayectoria profesional a ese propósito.

Y como dice Federico Faggin:

«La inteligencia artificial podría, paradójicamente, proporcionar a los seres humanos el aprendizaje necesario para descubrir y afrontar el misterio de nuestra verdadera naturaleza», y yo añadiría: para ser más humanos.

Finalmente, deseo felicitar a la doctora Nuria Oliver, no solo por su excelente trabajo y su ingreso a nuestra Academia, sino por sus valiosas contribuciones al desarrollo mundial de la inteligencia artificial.

Cabe destacar, además, que Nuria es la primera mujer española que se incorpora como Académica Correspondiente.

Enhorabuena, querida Nuria.

Muchas historias podría contar, pero hay una que vale la pena relatar. En dos mil veintiuno, el Canciller y el Presidente de México me hicieron llegar un escrito mediante el cual me designaban como representante del país para firmar un acuerdo marco de cooperación con Rusia en materia espacial. Un año después, diversos medios difundieron que en México se instalaría el sistema Glonass —un sistema de navegación similar al GPS—, lo que generó un escándalo mediático. Ante ello, me vi en la necesidad de enviar un escrito aclaratorio a la Cancillería, cuyos términos fueron conocidos públicamente:

Ciudad de México, 8 de octubre de 2022
Licenciado Marcelo Ebrard Casaubón
Secretario de Relaciones Exteriores de México
Estimado señor Canciller:

Respecto a la consulta que formula a esta Agencia Espacial Mexicana, de que, si en México se instalará el sistema satelital

Glonass, me permito informarle que no es así. Hace un año se firmó un acuerdo marco de cooperación en la exploración de utilización del espacio ultraterrestre para fines pacíficos con Rusia, tal como se han firmado acuerdos con otras organizaciones de la Unión Europea y de otros Estados. Es un acuerdo marco que no incluye que en México se vayan a establecer dichas instalaciones.

Atentamente,

Doctor Salvador Landeros Ayala
Director General
Ccp Licenciado Jorge Nuño Lara, Encargado del Despacho.
SICT

El Canciller subió la carta a sus redes sociales y el presidente López Obrador hizo las aclaraciones correspondientes en la mañanera.

El impulso a las actividades espaciales descansa, en su origen, en el respaldo determinante del gobierno, con el objetivo de estimular progresivamente la participación del sector privado, dada la relevancia económica y social que estos proyectos implican. Existen diversos ejemplos a nivel mundial que ilustran esta evolución, como el caso de India, con logros notables; o los de Brasil y Argentina, países que, pese a contar con una economía similar a la de México y en el caso de Argentina equivalente a tan solo un tercio del producto interno bruto, asignan en promedio sesenta y tres millones de dólares anuales a sus programas espaciales. Gracias a ello, han logrado construir y lanzar satélites propios, además de consolidar una presencia destacada en el ámbito internacional.

Ante este panorama, insistí en múltiples ocasiones con los tres Secretarios de Comunicaciones y Transportes que coincidieron con mi gestión. Javier Jiménez Espriú era plenamente consciente de la importancia del tema: nos apoyó con recursos presupuestales y tenía la intención de abordar el asunto directamente con el presidente. Lamentablemente, dejó el cargo por causas ampliamente conocidas. Jorge Arganis me daba libertad de acción, pero cuando le explicaba la trascendencia del espacio, solía responder que el presidente era más de la Tierra que del Espacio. Jorge Nuño también me permitió continuar, aunque con otras prioridades en su agenda, y los apoyos fueron, por ello, muy limitados.

Tuve diversas reuniones con diputados; me decían que sí, pero nunca precisaban cuánto ni cuándo. No se vislumbraba una acción concreta y determinante.

Con la Secretaría de Hacienda iniciamos conversaciones con el Subsecretario, gracias a la intervención de Rogelio Jiménez Pons, Subsecretario de la SICT, con el objetivo de configurar un mecanismo que permitiera recibir donaciones deducibles de impuestos por parte de grandes empresas. Se avanzó de manera significativa, pero el sexenio llegó a su fin sin concretarse.

Me queda claro que los países que han impulsado el tema espacial, ha sido porque sus presidentes entienden ampliamente la importancia del espacio. No tanto que se les convenza, sino que están convencidos porque de ellos nace. Por ejemplo, en Argentina, el presidente Carlos Saúl Menem propuso empezar a construir pequeños satélites, y fueron evolucionando hasta construir grandes satélites, de tal forma que sus grandes satélites que tienen en operación, ellos los construyeron en Argentina y ya está en construcción su reemplazo. En Brasil, los presidentes han tomado la bandera del espacio y también construyen satélites y tienen una base de lanzamiento. Otro ejemplo muy conocido es el impulso que le dio Kennedy al tema espacial al anunciar en mil novecientos sesenta y dos el viaje a la Luna en esa década. Un ejemplo más es el de India, con todo el apoyo que le dio Indira Gandhi y en que en mil novecientos sesenta y ocho el padre del programa espacial el doctor Vikram Sarabhai dice en la ceremonia de inauguración de la base de lanzamiento de Thumba: «Hay quienes cuestionan la pertinencia de las actividades espaciales en un país en desarrollo. Para nosotros, no hay ambigüedad de propósito. No tenemos la fantasía de competir con las naciones económicamente avanzadas en la exploración de la Luna o de los planetas o en los vuelos espaciales tripulados. Pero estamos convencidos de que si queremos desempeñar un papel significativo en el plano nacional y en la comunidad de naciones, debemos ser insuperables en la aplicación de tecnologías avanzadas a los problemas reales del hombre y la sociedad». Actualmente India tiene en órbita cincuenta satélites construidos por ellos y lanzados con sus propios cohetes. Fue el primer país del mundo en aterrizar una nave en el polo sur de la Luna.

Después de no observar avances en la mejora del presupuesto, decidí hablar con el secretario Nuño para comunicarle que estaba por concluir mi periodo al frente de la AEM, que deseaba retirarme y que me gustaría colaborar con los planes del nuevo gobierno desde la UNAM. En realidad, esta decisión me fue sugerida por un amigo. Sin embargo, Jorge me comentó que había considerado proponer al Presidente mi ratificación, me solicitó un currículum, presentó la propuesta y, finalmente, recibí el nombramiento del Presidente para un segundo periodo.

México ocupa el duodécimo lugar entre las economías del mundo; no obstante, otros países con un PIB similar —e incluso menor— destinan un presupuesto mucho mayor a sus agencias espaciales. Por ello, nuestro país no puede abstraerse de los cambios tecnológicos ni de las transformaciones en la geopolítica económica si desea aprovechar este nuevo contexto. En términos generales, por cada dólar invertido en el espacio, se genera un efecto multiplicador de hasta veinte veces en la economía.

Finalmente, debe reconocerse que el espacio ha dejado de ser un ámbito exclusivo de los gobiernos. Hoy, el sector privado participa cada vez más activamente en el desarrollo de proyectos espaciales. Por ello, es indispensable fomentar la multiplicidad y diversidad de actores, en especial apoyar a las empresas emergentes que buscan soluciones espaciales a los problemas sociales, y que pueden contribuir a posicionar a México como un referente en el sector.

Mi posición al frente de la AEM me brindó una valiosa oportunidad de crecimiento profesional.

Establecí relaciones con embajadores de países como Estados Unidos, China, India, Italia, Brasil, Corea y Argentina; con gobernadores de estados como Querétaro, Guanajuato, Hidalgo, Chiapas, Guerrero y Tamaulipas; con secretarios de Estado en áreas clave como Relaciones Exteriores, Infraestructura, Comunicaciones y Transportes, Educación Pública, Defensa Nacional, Marina y Función Pública; con rectores de instituciones como la UNAM, la UAEM, la UAG, la BUAP, la UPAEP, la UAZ, entre muchas otras. También con un sinnúmero de empresarios. Todas estas experiencias me ofrecieron grandes aprendizajes. Por ello, no comprendí por qué, siendo el espacio un tema que despierta tanto interés y potencial, las nuevas autoridades del actual gobierno no supieron ver la trascendencia de este trabajo.

El 28 de octubre de 2024, antes de la reforma de la Ley Orgánica de la Administración Pública Federal, me permití enviar a nuestra presidenta el siguiente escrito:

Dra. Claudia Sheinbaum Pardo
Presidenta Constitucional de los Estados Unidos Mexicanos
Presente

Sra. Presidenta:
Con el mayor de mis respetos y lealtades a su alta investidura, y reconociendo su liderazgo y la enorme dedicación para trabajar por todos los mexicanos, especialmente por los

que más lo necesitan, me permito expresarle, a reserva de que me pueda conceder audiencia, un tema que considero de relevancia para nuestro país.

Estoy firmemente convencido de la importancia que tiene para México impulsar y fomentar desde el espacio la investigación científica y el desarrollo tecnológico, lo cual es un tema estratégico en el consorcio de las naciones, que permite integrar las capacidades espaciales nacionales para la conectividad, los recursos naturales, el medio ambiente, el bienestar social y el crecimiento económico. Y además para contar con una representatividad nacional en el entorno espacial internacional.

Siendo México la duodécima economía del mundo y parte de las agencias del G20, el presupuesto de la AEM está en el último lugar de este grupo y muy alejado del resto de los países. Por ejemplo, las agencias espaciales de Argentina, Brasil y Polonia cuentan con un presupuesto de más de sesenta millones de dólares, mientras que el de México es de solo lo equivalente a cuatro millones de dólares. Agencias como las de Nigeria, Filipinas o Indonesia tienen diez veces más presupuesto que nosotros. Una muestra importante del desarrollo científico y tecnológico de los países se refleja en el potencial que tienen en las actividades espaciales, con enormes inversiones públicas y privadas y extraordinarios crecimientos exponenciales. De no darle la importancia que amerita, México se rezagará considerablemente en la ciencia y tecnología espacial.

Aun cuando la AEM ha venido realizando proyectos modestos, es reconocida internacionalmente por sus actividades y por su liderazgo en la región, y considero que somos afortunados en contar con una agencia espacial, que tanto trabajo costó, tanto a la comunidad académica, científica y tecnológica, como al Congreso de la Unión.

Mantengo mi convicción del movimiento que usted encabeza para seguir transformando a México y contar con una sociedad más justa y equitativa, libre de corrupción y de vicios del pasado. Expreso lo anterior, por ser parte de mi ideario, sin buscar puestos y cargos, ya que mi único objetivo es contribuir al bien de nuestra patria.

ATENTAMENTE,

Dr. Salvador Landeros Ayala

CCP Mtro. Jesús Esteva Medina, Secretario de Infraestructura, Comunicaciones y Transportes

En enero de 2025, al recibir la noticia de que la AEM desaparecería, presenté la siguiente renuncia:

Dra. Claudia Sheinbaum Pardo
Presidenta Constitucional de los Estados Unidos Mexicanos
Presente

Sra. Presidenta:

Con el mayor de mis respetos y lealtades a su alta investidura, y reconociendo su liderazgo y la enorme dedicación para trabajar por todos los mexicanos, especialmente por los que más lo necesitan, deseo expresarle mi decisión de separarme, a partir de esta fecha, del encargo que honrosamente fui distinguido como Director General de la Agencia Espacial Mexicana (AEM) desde el primero de noviembre de 2019.

He desempeñado dicho encargo con toda pasión, convencido de la trascendencia que tiene para nuestro país impulsar y fomentar, a través del sector espacial, el desarrollo científico, tecnológico y educativo, para su aplicación en temas relevantes de telecomunicaciones, agricultura, desastres naturales, seguridad y vigilancia, cambio climático, infraestructura, desarrollo urbano

206 | Salvador Landeros Ayala

y cartografía, oceanografía, recursos naturales, y en proyectos de gran envergadura en la exploración espacial.

El motivo es que a la AEM no se le ha dado la importancia que merece, ni presupuestal ni administrativamente, debiendo ser el organismo integrador y articulador de las actividades espaciales de México.

Lamento profundamente no haber tenido éxito en transmitirle a usted mi convicción y preocupación sobre la relevancia que tiene para México la Agencia Espacial Mexicana; de la misma forma que se lo expresé al titular de la Agencia de Transformación Digital y Telecomunicaciones, a quien le insistí en la importancia de mantenerla; no obstante, fui informado de que desaparecería, lo que considero desafortunado, por todo el trabajo que costó crearla, tanto a la comunidad académica, científica, tecnológica, como al Congreso de la Unión; y a la posición que se ha ganado por varios años en el entorno y representación nacionales e internacionales, aun con los escasos presupuestos.

Anexo el escrito que me permití hacerle llegar el 28 de octubre pasado.

Reitero mi convicción del movimiento que usted encabeza, para seguir transformando a México y contar con una sociedad más justa y equitativa, libre de corrupción y de vicios del pasado.

Deseo agradecer profundamente por haberme permitido servir a nuestra patria desde esta trinchera. Quedo de usted,

CCP Mtro. José Antonio Peña Merino; Secretario, Agencia de Transformación Digital y Telecomunicaciones

De alguna manera, mi renuncia se filtró en los medios y, en la conferencia matutina del 30 de enero de 2025, una periodista preguntó por mi renuncia. José Merino respondió en primer lugar, haciendo un reconocimiento a mi trayectoria, como uno de los mayores especialistas en telecomunicaciones y temas satelitales, y expresó su deseo de contar no solo con mi expertis, sino también abrir y fortalecer los vínculos con la academia y con las instituciones de educación superior. «Todo mi respeto y reconocimiento para el Dr. Landeros», concluyó. Nuestra presidenta añadió: «Si el doctor quiere seguir participando, bienvenido, sea como coordinador o desde fuera, con su asesoría».

Familia y Deporte

Mis hermanas y hermanos, todos de gran nobleza, calidad humana y conducta intachable. Un dato interesante es que todos viven: el menor tiene sesenta y cuatro años y el mayor, ochenta y siete. Soy el séptimo hijo del séptimo hijo. Es poco común que, en una familia de once integrantes, todos sigan con vida. Ellos son: Guillermo, Raquel, Jesús, María de la Luz, Francisco, Juan, Cristina, Lourdes, Arturo y Luis.

No es fácil hablar de los hijos, porque, por razón natural, uno tiende a pensar que son los mejores del mundo. Sin embargo, quiero compartir tres experiencias que me sorprendieron gratamente:

1. Desde la preparatoria, mi hijo Salvador expresaba su deseo de estudiar Medicina en la UNAM. Para ingresar de la Prepa 6 a la Facultad de Medicina por promedio, debía obtener una calificación de diez en las siete materias del tercer año. Al terminar sus exámenes, nos anunció que había logrado diez en todas. Vaya noticia. De no haberlo conseguido, habría tenido que presentar examen de admisión, en el que, de aproximadamente dieciséis mil aspirantes, solo ingresan unos ciento setenta y cinco a Ciudad Universitaria.

2. Un día, mi hijo Guillermo, de veintitrés años, quien estudió Finanzas, nos dio la noticia de que sería contratado en un alto nivel por BlackRock, la administradora de activos más grande del mundo.

3. Nuestra hija Alejandra se tituló en la Facultad de Psicología de la UNAM a través de la modalidad de Diplomado. Al concluirlo con un promedio de diez, fue elegida para pronunciar el discurso de fin de cursos ante la directora de la Facultad y otras autoridades. Vale la pena compartirlo, es muy breve:

Discurso de graduación — Diplomado en Neuropsicología

Por Alejandra Landeros López

«Conozca todas las teorías, domine todas las técnicas, pero al tocar un alma humana, sea apenas otra alma humana.» Carl G. Jung

Buenas tardes, miembros del presídium, invitados especiales de la facultad, egresados y familiares. Es un gran honor y responsabilidad para mí estar representando a mis colegas el día de hoy. Después de doce meses, doscientas ochenta y ocho horas de clase, cincuenta y tres tareas, nueve exámenes y uno que otro plan de viernes negado, aquí nos encontramos culminando esta maravillosa etapa.

Qué orgullo y nostalgia mirar atrás y visualizar todo lo que este diplomado nos aportó. Empezando con los principios metodológicos de la neuropsicología, métodos anatómicos, funcionales y de lesión. Después llegamos a la evaluación neuropsicológica en donde pudimos aplicar pruebas, integrar casos y emitir nuestras primeras impresiones diagnósticas. Posteriormente nos adentramos en cada una de las funciones cognitivas y sus patologías: atención, memoria, lenguaje, funciones ejecutivas y, por supuesto, las emociones. Los trastornos del neurodesarrollo, el trastorno neurocognitivo mayor, la neuropsicología de los trastornos psiquiátricos y la psicofarmacología también fueron parte primordial. Podría seguir mencionando múltiples aprendizajes académicos; sin embargo, hoy nos llevamos mucho más que eso.

La empatía, la compasión, la dignidad, la calidad humana y la ética profesional son cualidades que trascienden cualquier metodología y este aprendizaje no hubiera sido posible sin nuestras increíbles docentes. Su sabiduría, paciencia y entrega han sido fundamentales en este proceso. Nos han guiado con su experiencia, nos han retado a pensar críticamente y nos han inspirado a ser mejores profesionales y seres humanos. A ellas, nuestro más sincero agradecimiento y admiración. Gracias de igual manera a nuestra querida UNAM y a mi casa, la Facultad de Psicología, por abrirnos esta posibilidad de alto nivel y calidad.

También quiero reconocer el apoyo de nuestras familias y amigos. Su comprensión, sacrificio, su silencio los sábados por la mañana y su aliento constante nos han dado la fuerza para seguir adelante. Este logro también es de ustedes.

Personalmente, me gustaría agradecer a mis padres, Alma y Salvador, que sin su dedicación, amor y paciencia, nada de esto hubiera sido posible. A mis hermanos, Salvador y Guillermo, por hacer todo siempre más llevadero y divertido. A mis amigos de toda la vida, por siempre creer en mí: Fer, Ale, Xime, Andrés, César y Viri. Y por último, pero no menos importante, a Roberto, por su luz y amor incondicional.

Como psicólogos, tenemos el privilegio de trabajar en un área donde el impacto de nuestra labor puede ser profundamente transformador para las personas. Recordemos siempre el poder de la empatía, la importancia de la evidencia científica y el valor de la colaboración interdisciplinaria. Sigamos adelante con pasión, integridad y el firme propósito de mejorar la calidad de vida de aquellos a quienes servimos. Les animo a seguir aprendiendo, investigando y creciendo profesionalmente para afrontar todos los desafíos que puedan presentarse en su porvenir. La educación y formación no termina hoy; este es solo el principio. ¡Felicitaciones, graduados! Un gusto compartir esta etapa con ustedes. Comenzamos este viaje con sueños y aspiraciones. Hoy, esos sueños están más cerca de ser una realidad y con cada paso que damos, estamos construyendo un mañana lleno de posibilidades.

¡Muchas gracias!

Se han tenido muchos logros de mis hijos, pero, como decía antes, no es fácil hablar de ellos. Varios de mis sueños se han cumplido; los suyos también se cumplirán. Al haber en la familia un médico, un financiero y una psicóloga, tenemos salud, dinero y amor, jajaja.

¿Pero qué es el éxito?

Es alcanzar aquello que uno desea. Vivir la vida conforme a la propia voluntad. Es dar sin esperar recibir. El éxito, en última instancia, es ser feliz.

Las enfermedades de mi infancia las sobrellevaba gracias al deporte: jugaba futbol con enorme pasión y, desde joven, sentí una inclinación natural por el atletismo. Durante mis estancias en Madrid, mi afición por el futbol me llevó a compartir con mis hijos visitas al estadio Santiago Bernabéu, en ocasiones al Camp Nou en Barcelona, al Vicente Calderón también en Madrid, al San Siro en Milán y al Allianz Arena en Múnich, que, junto con el mítico Wembley en Inglaterra, figuran entre los estadios más grandes de Europa. Tuvimos la fortuna de presenciar partidos de la Liga Española, de la Champions League y de selecciones nacionales, como aquel emocionante encuentro entre España y Argentina.

En la preparatoria competía en atletismo, en carreras de mil quinientos metros planos, una prueba exigente y demandante. Más adelante participé en carreras de fondo, acumulando más de cincuenta competencias de cinco, diez y quince kilómetros, así como en seis medios maratones.

Correr no es algo nuevo. Los antiguos griegos lo practicaban desde el año 778 a. C. Filípides, en el 480 a. C., recorrió quinientos kilómetros en cuatro días para solicitar ayuda de Esparta ante una inminente invasión a Atenas. En la Inglaterra preindustrial, se enviaban lacayos a correr delante de los carruajes para advertir de cualquier peligro a sus amos. Los indígenas tarahumaras de México aún hoy compiten en carreras a pie recorriendo entre doscientos cuarenta y trescientos kilómetros diarios. Correr como práctica deportiva ha prevalecido durante siglos: desde desafíos informales de voluntad y ego, pasando por las competencias escolares, hasta los Juegos Olímpicos. Hoy, sin embargo, es también una actividad cotidiana que convoca a miles de personas, de todas las edades y condiciones sociales, a salir a los parques, montañas y caminos.

Son muchas las razones para correr: por salud, para bajar de peso, mejorar la condición física, sentirse bien, reducir el estrés o compartir experiencias. Correr me ha brindado grandes beneficios, tanto físicos como mentales. Es un placer que se experimenta durante la carrera y también después. Desde luego, para disfrutarlo plenamente, es necesario prepararse.

Recuerdo que lo más importante eran los zapatos y el lugar para correr. Mi entrenador insistía en que siempre entrenara sobre superficies blandas, como tierra o pasto, nunca sobre pavimento. Desde luego, es necesario seguir un programa previamente establecido, según la distancia de la carrera. Existen rutinas muy prácticas y eficientes, pero lo verdaderamente relevante son los beneficios que se obtienen: el corazón se fortalece, el metabolismo se regula, los músculos se tonifican y, como resultado, se alivian tensiones, se disipan los malos humores, se duerme mejor y se trabaja con mayor serenidad, eficiencia y eficacia. Durante las carreras, con el paso del tiempo, llegaba un momento en que los problemas que traía en mente dejaban de pesar; después de una hora corriendo, comenzaba a sentir una profunda alegría: los problemas desaparecían, la mente se aclaraba y el corazón se aligeraba. Era una verdadera meditación.

Se experimentaba, con plenitud, el antiguo refrán latino: mens sana in corpore sano. Hay una sensación profunda de paz y bienestar. Algunos la consideran una experiencia espiritual, cercana a la oración o a la vivencia religiosa.

La depresión es, quizá, la enfermedad más común de nuestra época. Existen numerosos casos documentados sobre los beneficios del correr en personas deprimidas, a quienes incluso se les han suspendido los antidepresivos al lograr, mediante esta práctica, una vida más grata y placentera. Lo mismo puede decirse de otros trastornos de salud.

La alimentación también es fundamental. Según los científicos, nuestros antiguos antepasados eran, en su mayoría, vegetarianos. Viajaban constantemente en busca de semillas, frutas y raíces, desarrollando así una gran resistencia y destreza cardiovascular. Fue solo después que lograron convertirse en cazadores eficaces. Como no contaban con la velocidad de la mayoría de los cuadrúpedos, desarrollaron resistencia, acechando a sus presas durante varios días y recorriendo largas distancias. Así, los primeros cazadores fueron también los primeros corredores de fondo. Desde luego, una dieta equilibrada requiere complementarse con pequeñas cantidades de carne, en especial de pollo y pescado. Los seis componentes esenciales de una alimentación saludable son: proteínas, grasas, carbohidratos, agua, vitaminas y minerales.

Quiero compartirles mis sentimientos y experiencias durante una de mis carreras:

Son las seis de la mañana en el Bosque de Tlalpan. Es el Día del Padre y la atmósfera vibra con entusiasmo. Miles de corredores comienzan a calentar con alegría. Se escucha el disparo de salida; avanzamos lentamente cruzando la línea de arranque. Comienzo con un paso cómodo. Veo a corredores muy veloces, y también a corredoras cuya cadencia y ritmo deslumbran por su armonía y elegancia. Hay niños, adultos y personas mayores, incluso de más de setenta años. Corro con la certeza de que terminaré. Han pasado ya treinta minutos; vamos por Periférico Sur, a la altura de la zona de hospitales. Mantengo mi ritmo: cinco minutos por kilómetro, nada mal para mi edad. Algunos van platicando, bromeando, lanzando gritos de ánimo. Me rebasan algunos, rebaso a otros. Escucho su respiración. Siento que todo mi organismo funciona en sintonía. Me siento pleno. Delante de mí corre un niño, tendrá unos trece años. Vamos juntos. Es su primera carrera y sueña con ser un gran maratonista. Su padre y su hermano mayor van un poco más adelante. En ese momento, comienza a invadirme el orgullo de ser padre, y más aún en esta fecha tan significativa.

Todos los buenos sentimientos, todo el amor y el orgullo que he sentido por mis hijos, confluyen en una emoción ardiente, intensa y luminosa.

Ha pasado una hora y ya distingo a los punteros, avanzan con una velocidad asombrosa. Estamos por llegar a la glorieta de Vaqueritos. Disminuyo un poco mi ritmo, pero aún me siento cómodo, con buen paso. Se acercan tres bellas corredoras; me animan con un «¡Vamos, vas muy bien!» y durante varios minutos corremos a la par. Luego se adelantan. Conversamos brevemente sobre nuestras experiencias, sobre los beneficios de correr y la adicción positiva que genera. A pesar de su atractivo físico, son sencillas y amables. Ya es el regreso. Empiezo a sentir el cansancio en las piernas, aunque sin dolor. Tomo líquidos en uno de los puntos de hidratación, me refresco y recobro fuerza. A la altura del Estadio Azteca, me invade el recuerdo de mi pasión por el fútbol. Sin embargo, las piernas comienzan a dolerme. No quiero lesionarme. La rodilla suele ser el sitio más común de lesión entre corredores, pero en mi caso, el dolor aparece en las pantorrillas. Nunca he tenido problemas en las rodillas, ni en el tendón de Aquiles, ni en los talones, ni en la espalda.

Es normal experimentar dolor al correr, pero es fundamental comprender su naturaleza. En primer lugar, el dolor es real; lo es porque uno lo siente. No existe un dolor falso o imaginado, aunque es un fenómeno complejo.

Por ejemplo, cuando un matador es cornado en la plaza, no siente dolor de inmediato; este aparece después. El dolor, en cierta forma, une a los corredores: nos permite aprender unos de otros.

Ya voy llegando a la zona de Perisur. Comienza la subida hacia el Pedregal; el dolor persiste, pero me anima saber que estoy cerca de la meta. Hay mucha gente animando, gritando y aplaudiendo. Esa subida la sentí como un castigo, pero no importa: será una nueva hazaña. Después de dos horas, cruzo la meta con una enorme satisfacción. Bebo abundante agua, recojo mi medalla, regreso a casa a darme un baño, y luego tomo el coche rumbo a San Juan del Río para comer con mi padre y celebrar su día. Al terminar, emprendo el regreso a la Ciudad de México: al día siguiente hay que trabajar.

No muchas personas corren carreras, y menos aún un medio maratón. Varios de mis tíos murieron relativamente jóvenes, por problemas cardiovasculares; la edad promedio fue de sesenta y cinco años. Estoy convencido de que, si hubieran hecho ejercicio —como sé que les habría gustado— habrían estado más protegidos, tanto del corazón como del cerebro. Cuántas personas fallecen sin saber que hay algo sencillo que podrían hacer para cuidarse.

Hoy en día, muy pocas personas de mi generación hacen ejercicio. Es más, algunos ya usan bastón o silla de ruedas. Es como en la siguiente historia:

La reunión

Un grupo de amigos de cuarenta años discute largamente sobre dónde deberían reunirse para cenar. Finalmente, acuerdan hacerlo en el restaurante La Gran Alegría porque las camareras llevan blusas escotadas y tienen bonitos pechos.

Diez años después, a los cincuenta, el grupo vuelve a debatir sobre el lugar del encuentro. Finalmente, deciden reunirse en La Gran Alegría porque la comida es excelente y la selección de vinos, muy buena.

A los sesenta años, vuelven a discutir a dónde ir. Acuerdan, una vez más, encontrarse en La Gran Alegría porque se puede cenar en paz y tranquilidad, y además el restaurante es libre de humo.

Diez años más tarde, a los setenta, el grupo discute nuevamente el lugar ideal para la reunión. Finalmente, deciden volver a La Gran Alegría porque es accesible para sillas de ruedas e incluso cuenta con elevador.

Y diez años después, a los ochenta, discuten una vez más a dónde deberían ir. Finalmente, acuerdan reunirse en La Gran Alegría porque ninguno recuerda haber estado ahí antes.

Cuando me incorporé a la Agencia Espacial Mexicana, el Consejo Técnico de la Facultad de Ingeniería me autorizó una licencia sin goce de sueldo para desempeñar un cargo público de relevancia. Al concluir mi gestión, informé al Consejo mi decisión de reincorporarme a las actividades académicas.

Hablé con el director, José Antonio Hernández Espriú; con el jefe de la División de Ingeniería Eléctrica, Alejandro Mena; con la secretaria de Posgrado e Investigación, Aida Huerta; y con el jefe del Departamento de Ingeniería en Telecomunicaciones, Víctor Rangel Licea. De todos recibí una cálida acogida, y de inmediato se programó mi carga académica. Muchas gracias, Toño. Muchas gracias, Aida, Alejandro y Víctor.

En la familia, como en el deporte, se aprende a resistir, a confiar y a celebrar cada paso del camino.

Nada me ha dado mayor alegría que ver crecer a mis hijos y compartir con ellos no solo el amor por el conocimiento, sino también la pasión por la vida activa, la disciplina y el esfuerzo. Si algo he comprendido con los años es que el verdadero logro no está solo en llegar a la meta, sino en la forma en que la recorremos: acompañados, con gratitud, y siempre con el corazón latiendo fuerte.

Yo seguiré relacionado con el espacio hasta el último día, porque es mi vocación y gran pasión.

El futuro del espacio

En los últimos diez años, el acceso de la humanidad al espacio ultraterrestre y sus aplicaciones ha cambiado de manera sustancial, y en las próximas décadas esta transformación se acelerará de forma sorprendente. Para enfrentar este escenario, se requiere una colaboración internacional más profunda y una gobernanza eficaz y eficiente.

A escala global, se trabaja ya en la democratización del espacio. Hoy en día, no existe país que no necesite satélites de telecomunicaciones y navegación para acelerar su transformación digital, mejorar la conectividad y fomentar la inclusión social. Del mismo modo, los satélites de observación de la Tierra son esenciales en múltiples ámbitos: el aumento de la productividad agrícola, la atención a desastres naturales, la seguridad y vigilancia, la protección del medio ambiente, el monitoreo del cambio climático, la oceanografía, el seguimiento de recursos naturales, el desarrollo urbano y la cartografía, entre otros. En los próximos diez años se estiman lanzar alrededor de cincuenta mil satélites de telecomunicaciones y cerca de cuatro mil de observación de la Tierra.

La exploración espacial —como el regreso del ser humano a la Luna en 2028, los vuelos tripulados y no tripulados a Marte y otros planetas, y el estudio del espacio profundo mediante nuevos telescopios de gran alcance— contribuye de manera decisiva al crecimiento económico, al impulso industrial y a una prosperidad compartida. Del mismo modo, el desarrollo de tecnologías avanzadas para vehículos de lanzamiento, como el Sistema de Lanzamiento Espacial (SLS) o el Starship, así como la construcción de nuevas y modernas bases espaciales, serán fundamentales en esta nueva etapa.

A partir del Acuerdo de la Luna de 1979, la carrera espacial ha cobrado nuevas dimensiones, impulsada por la comercialización del espacio, el auge de las inversiones privadas, la proliferación de basura espacial y los crecientes riesgos asociados a objetos como los asteroides. Tan solo en la próxima década se prevén más de cincuenta misiones a la Luna.

En la Comisión de las Naciones Unidas sobre la Utilización del Espacio Ultraterrestre con Fines Pacíficos se subraya de manera constante el papel crucial de la ciencia y la tecnología espacial —y de sus múltiples aplicaciones— en la construcción de un desarrollo verdaderamente sustentable. La Semana Mundial del Espacio, proclamada por la Asamblea General en 1999, se celebra cada año, y la Agencia Espacial Mexicana ha sido una de sus principales impulsoras a nivel nacional, con la participación activa de numerosas instituciones.

Industria, academia, gobierno y sociedad conforman los pilares esenciales para el avance del sector espacial.

Desde el espacio, la Tierra se revela con una aureola característica, de un hermosísimo color azul que, ayer, hoy y siempre, nos invita a la reflexión. Vista desde esa perspectiva, su majestuosidad y radiante belleza parecen anunciar solo armonía e igualdad: no hay fronteras, guerras, ideologías, religiones ni desequilibrios económicos o sociales que se perciban.

La Tierra luce magnífica, flotando con sus vivos y brillantes colores en el negro profundo del vacío espacial. Es una imagen de perfección, pero, tristemente, la estamos destruyendo. La mitad de los elementos que contribuyen al cambio climático solo pueden observarse desde el espacio.

Los ingresos anuales generados por la industria mundial de satélites —telecomunicaciones, navegación y observación terrestre— superan los cuatrocientos mil millones de dólares. Pero más allá de esa cifra, la Estación Espacial Internacional (ISS, por sus siglas en inglés), considerada uno de los mayores logros de la humanidad, es una muestra viva de lo que el espacio representa: cooperación, conocimiento y posibilidad.

Es un laboratorio modular de investigación científica y cooperación tecnológica, diseñado para permitir la adición o remoción de módulos, lo que facilita una integración y operación más flexibles. En él se llevan a cabo experimentos científicos y pruebas de tecnologías orientadas a vuelos espaciales de larga duración, y ha resultado sumamente valioso como plataforma para la futura exploración del espacio. Orbita alrededor de la Tierra a una altitud de cuatrocientos kilómetros. Es una instalación conjunta de las agencias espaciales de Estados Unidos (NASA), Rusia (Roscosmos), la Agencia Espacial Europea (ESA), la Agencia Espacial Japonesa (JAXA) y la Agencia Espacial Canadiense (CSA). Además, existen acuerdos marco de colaboración con los siguientes países: Bélgica, Dinamarca, Francia, Alemania, Italia, Países Bajos, Noruega, España, Suecia, Suiza y Reino Unido.

En la ISS se desarrollan investigaciones en campos como la astrobiología, astronomía, meteorología, nuevos materiales, ciencias físicas, robótica, propulsión, medicina, biología, botánica y ciencias de la vida, entre otros. Estos estudios resultan fundamentales para las futuras misiones a la Luna, Marte y más allá.

La integración de la ISS comenzó en noviembre de 1998 y, a lo largo de los años, se incorporaron quince módulos diversos, culminando en noviembre de 2021 con el ensamblaje del último, marcando así el cierre de su fase de construcción.

La ISS es resultado de la evolución de la estación espacial Freedom, concebida por Estados Unidos en 1984 con el objetivo de construir una estación tripulada de manera permanente en la órbita terrestre, y de la Estación Espacial MIR de Rusia, que perseguía fines similares. Antes de Freedom se habían lanzado otras estaciones, como las del programa Salyut, la estación Skylab y el laboratorio Spacelab.

En sus primeros años, la estación tenía capacidad para albergar a una tripulación de tres astronautas; posteriormente, esa capacidad se amplió para recibir hasta siete miembros de manera continua.

El entorno espacial resulta profundamente hostil para la vida. La exposición sin protección conlleva la presencia de un campo de radiación intenso —compuesto principalmente por protones y otras partículas subatómicas cargadas del viento solar, además de los rayos cósmicos—, sumado al gran vacío, las temperaturas extremas y las condiciones de microgravedad.

En agosto de 2020 se informó que la bacteria terrestre Deinococcus radiodurans, altamente resistente a condiciones ambientales extremas, logró sobrevivir durante tres años en el espacio, según estudios realizados en la Estación Espacial Internacional. Este hallazgo ha reforzado la hipótesis de que podría existir vida en otros rincones del universo.

Coincido con algunas corrientes que sostienen que el surgimiento de la vida en la Tierra fue un acontecimiento único, propiciado por condiciones excepcionales; sin embargo, desde mi punto de vista, dicho fenómeno pudo —o aún puede— repetirse en nuestra galaxia o en otras. Tan solo en la Vía Láctea hay alrededor de doscientos mil millones de estrellas como nuestro Sol, y existen miles de millones de galaxias. Resulta sobrecogedor pensar que hay más estrellas en el universo que granos de arena en todas las playas del mundo. En uno de esos granos de arena se viven las más intensas expresiones de la condición humana: amor, odio, alegría, tristeza, enfermedad, guerra, hambre, religión, política.

En ese diminuto punto también caben los avances tecnológicos más sofisticados, los Juegos Olímpicos, los campeonatos mundiales y muchos otros acontecimientos que marcan nuestra historia. Ese es el gran milagro de la vida y del universo: desde la explosión inicial hace quince mil millones de años, la formación de nuestra galaxia hace diez mil millones, el surgimiento del sistema solar hace cuatro mil quinientos millones, el inicio de la vida hace tres mil quinientos millones, la aparición de los primeros animales hace setecientos millones, y la del ser humano hace apenas cien mil años. En la historia del universo, el ser humano lleva apenas tres minutos. El universo es perfecto; ha sido el hombre quien, con sus actos, ha introducido la imperfección. No creo que el universo se esté volviendo imperfecto como lo ha hecho el hombre.

La investigación médica ha permitido ampliar el conocimiento sobre los efectos de la exposición prolongada del cuerpo humano en el espacio, incluyendo impactos en los sistemas musculoesquelético, cardiovascular, neurológico y en el desplazamiento de fluidos. Estos estudios son esenciales para determinar si los vuelos espaciales de larga duración y la colonización de otros mundos son viables. La pérdida de masa ósea y la atrofia muscular sugieren un alto riesgo de fracturas y dificultades motoras si los astronautas aterrizan en otro planeta tras una travesía extensa, como los ocho meses que implica llegar a Marte. Asimismo, será necesario contar con una gran autonomía en navegación, cómputo y comunicaciones, para reducir la dependencia de la Tierra, especialmente ante los retrasos significativos en la transmisión de señales y la profunda sensación de «soledad» que implica no poder contemplar, desde esa distancia, al planeta azul.

La tripulación de la ISS brinda oportunidades a los estudiantes para realizar experimentos, participar en demostraciones educativas y establecer comunicación directa a través de enlaces de radio, video y correo. La Agencia Espacial Europea (ESA) ofrece una amplia gama de materiales gratuitos disponibles para su descarga y uso en las aulas. En una de las sesiones interactivas, los estudiantes pueden explorar un modelo tridimensional del interior y exterior de la estación, enfrentando desafíos en tiempo real.

El peso de la estación ha variado con el tiempo. La masa total de lanzamiento de los módulos actualmente en órbita es de aproximadamente cuatrocientas veinte toneladas. A ello se suman los experimentos, piezas de repuesto, efectos personales, tripulación, alimentos, ropa, combustibles, agua, gases, naves acopladas y otros elementos, que contribuyen al peso total de la estación.

El nanosatélite AztechSat—1, el primer nanosatélite mexicano en llegar a la Estación Espacial Internacional (ISS), fue liberado exitosamente a su órbita por los astronautas en febrero de 2020, marcando así el inicio oficial de su misión en el espacio. El administrador de la NASA felicitó a la Agencia Espacial Mexicana y a la Universidad Popular Autónoma del Estado de Puebla por este importante logro. Además, en el marco del vigésimo quinto aniversario de la ISS, entre los cientos de proyectos realizados a lo largo de los años, se destacó de manera especial el AztechSat.

El AztechSat—1 logró intercomunicarse con la constelación satelital Globalstar, ubicada a unos mil kilómetros por encima de su órbita, como parte del experimento orientado a que los nanosatélites dejen de depender exclusivamente de las estaciones terrestres para la transmisión de información.

La primera fase consistió en su desarrollo y construcción, logrando superar con éxito múltiples y rigurosas pruebas impuestas por la NASA.

Nuestra juventud fue motivo de orgullo nacional, al ser reconocida por la propia NASA como de «excelente desempeño», en palabras del directivo de Programas Espaciales de la División de Sistemas Avanzados de Exploración, Andrés Martínez.

La segunda fase del lanzamiento se llevó a cabo exitosamente el 5 de diciembre, desde las instalaciones de la NASA en Cabo Cañaveral, Florida, a bordo del cohete Falcon 9 de SpaceX, propiedad de Elon Musk. El tercer hito fue su llegada a la Estación Espacial Internacional, tras una travesía de tres días a bordo de la cápsula Dragon, el 8 de diciembre.

La cuarta fase consistió en el despliegue o colocación en órbita del satélite; y la quinta, que representó el último 20 % del éxito de la misión, fue la demostración de la interconexión satélite—satélite, desarrollada a lo largo de seis meses.

El satélite estuvo equipado con dos sistemas de radiofrecuencia: uno destinado a establecer enlace con la constelación Globalstar y el otro con la estación terrena de la UPAEP, con respaldo de la estación de la UNAM.

El AztechSat—1 marcó un hito en la historia como una experiencia extraordinaria de colaboración entre los actores del sector espacial: agencias, universidades y empresas, que trabajaron conjuntamente en el diseño, construcción, pruebas y operación articulada de un proyecto espacial complejo.

La Estación Espacial Internacional concluirá su vida útil en enero de 2031, y ya se han registrado avances significativos en proyectos de estaciones espaciales comerciales. Un ejemplo es la estación de la empresa AXIOM, ganadora de un concurso de la NASA para acoplar módulos a la ISS, con miras a reemplazarla. Axiom planea lanzar sus primeros módulos en 2028 y alcanzar en 2030 una operación autónoma para realizar actividades comerciales, que incluirán investigación científica, misiones tripuladas, manufactura y turismo espacial. Otro ejemplo es la estación de la empresa VAST, que prevé iniciar sus primeras fases en 2028 y completar su construcción en 2032, para dar servicio a misiones gubernamentales, tripulaciones y cargas útiles. Un tercer caso es el del hotel espacial desarrollado por la empresa VOYAGER, cuyo inicio de operaciones está previsto para 2027.

La estación espacial china Tiangong, completada en 2022, también tiene como objetivo principal la realización de investigaciones científicas y el desarrollo de experimentos de alta complejidad.

Estos sueños y desafíos de la humanidad ya no corresponden únicamente a un país o a una agencia espacial: deben convocar la suma de más naciones, pues está en juego el futuro de nuestra civilización. En 2010 en Madrid, escuché al director general de la Agencia Espacial Europea (ESA), Jean—Jacques Dordain, expresar que su agencia estaba dispuesta a proponer la incorporación de nuevos socios, y que China, India y Corea del Sur serían invitados a unirse a la asociación de la Estación Espacial Internacional. Actualmente, México ya mantiene acuerdos tanto con la ESA como con esos países.

Con estos grandes proyectos se avanzará en la meta de alcanzar la Luna y, posteriormente, Marte, con la mirada puesta en la colonización de otros mundos mediante la creación de villas y aldeas que permitan la expansión de la civilización humana. El turismo, la minería y la agricultura espacial se desarrollarán considerablemente. Es posible que, para el año 2050, exista ya un campamento en Marte con diversas formas de movilidad, sistemas de comunicación e invernaderos para el cultivo de alimentos.

La arquitectura de la misión Luna—Marte contempla que, a partir de los objetivos y metas definidos, se determinen las características y necesidades operativas, así como las funciones específicas, con base en elementos esenciales como cohetes, naves, módulos de aterrizaje, rovers y demás tecnologías.

Los beneficios son inmensos. Las investigaciones en el espacio profundo, en la Luna y en Marte enriquecerán nuestro conocimiento del sistema solar, de la Tierra, del cuerpo humano y de las formas de emprender nuevas tareas más allá de nuestro planeta.

Aquello que decidimos hacer, la manera en que lo hacemos y las personas con quienes lo llevamos a cabo determina nuestro lugar en el mundo, nuestra calidad de vida y las posibilidades que abrimos hacia el porvenir.

Aceptar los desafíos y superarlos con perseverancia y tenacidad frente a la adversidad inspira a las generaciones presentes y futuras a atreverse, a imaginar otros caminos, a hacer posible lo que antes parecía imposible.

Después vendrán los viajes a otros planetas y, en cientos de años, quizá a otras estrellas, y tal vez, en miles de años, a otras galaxias. James y Gregory Benford respondían a la pregunta de por qué ir hacia las estrellas diciendo: «Porque somos los descendientes de los primates que decidieron ver qué había detrás de la siguiente montaña». «Porque, desde hace miles de años, los humanos se han hecho a la mar», como decía el astronauta Bill Shepherd. Porque aquí no sobreviviremos para siempre. Porque las estrellas están ahí, atrayéndonos con nuevos horizontes. Nuestra supervivencia a largo plazo está en riesgo, y sería una irresponsabilidad con nuestra especie no actuar desde ahora. Venimos de las estrellas, y nuestro destino final serán las estrellas.

El clima espacial reviste una importancia crucial por el impacto de las tormentas solares, que pueden provocar disrupciones en los sistemas eléctricos y de comunicaciones.

Con ese fin, México ha elaborado una Guía de Recomendaciones sobre Clima Espacial, con la participación del Centro Nacional de Prevención de Desastres (CENAPRED), la UNAM y la Agencia Espacial Mexicana. Su propósito es promover el desarrollo de estudios científicos que fortalezcan nuestro conocimiento y nuestros sistemas de alerta temprana ante los riesgos asociados a eventos de clima espacial; difundir entre instituciones y actores sociales el funcionamiento del sistema de monitoreo y alerta; y fomentar una cultura de prevención y respuesta ante estos fenómenos, para que estemos mejor preparados y podamos actuar con eficacia ante cualquier eventualidad.

El espacio ha sido objeto de interés desde tiempos ancestrales, cuando la necesidad de establecer una cronología y elaborar un calendario preciso constituyó una de las motivaciones fundamentales para su estudio.

A lo largo de la historia, los grandes pensadores y artistas de la humanidad han dirigido su mirada hacia las estrellas. Aristóteles, Platón, Leonardo da Vinci y Van Gogh, entre muchos otros, las evocaron en sus obras, sin dejar de lado los pasajes bíblicos que las mencionan. La música ha intentado imitar la danza celeste, y tanto la poesía como la literatura y el cine han vuelto una y otra vez su mirada al cielo.

El proyecto COLMENA, integrado por cinco micro robots de menos de 60 gramos y 12 centímetros de diámetro cada uno, representa un desafío tecnológico de escala internacional. Es la primera vez en la historia que se emprende una misión de este tipo, y quien la lleva a cabo es México.

El conjunto de cinco micro robots, cada uno de menos de 60 gramos y 12 centímetros de diámetro, apoyado por un módulo de telecomunicaciones, tenía como misión una demostración tecnológica: desplegar pequeños robots en la superficie lunar, establecer conexión electrónica entre ellos y realizar mediciones de las características del suelo lunar.

Esta tecnología, fruto del ingenio mexicano, viajó a bordo de la nave Peregrine Lunar Lander, perteneciente a la empresa estadounidense y socio tecnológico Astrobotic, para recorrer los aproximadamente 384 400 kilómetros que separan a la Tierra de nuestro satélite natural. Fue desarrollada por el Laboratorio de Instrumentación Espacial (LINX) del Instituto de Ciencias Nucleares (ICN) de la Universidad Nacional Autónoma de México (UNAM), bajo la dirección de mi apreciado amigo, el doctor Gustavo Medina Tanco.

El lanzamiento estuvo a cargo de la empresa United Launch Alliance (ULA) en enero de 2024. Aunque la nave de Astrobotic, que transportaba diversos proyectos internacionales, no logró alunizar debido a problemas en su sistema de combustible, la misión alcanzó un 75 % de éxito, cumpliendo con todas las pruebas previstas: desde el lanzamiento y la navegación en el espacio profundo, hasta su inserción en la órbita lunar.

El proyecto contó con el respaldo conjunto de la Agencia Espacial Mexicana, el Consejo Nacional de Ciencia y Tecnología (CONACYT) y el Gobierno del Estado de Hidalgo, así como con el acompañamiento de la Secretaría de Relaciones Exteriores (SRE), en el marco de los trabajos para la adhesión de México al programa Artemis de la NASA.

Este logro fue posible gracias al esfuerzo de aproximadamente doscientos jóvenes estudiantes de diversas disciplinas: Ingeniería, Física, Matemáticas, Actuaría, Química, Geología, Psicología, entre otras.

COLMENA motivó y entusiasmó a la juventud, y reafirmó que el desarrollo científico, tecnológico e ingenieril de México está a la altura de los mejores del mundo.

Otro ejemplo de las aportaciones mexicanas al ámbito espacial son las contribuciones de nuestro inolvidable amigo Rafael Navarro, especialmente en el campo de la investigación astrobiológica en Marte, realizadas a partir de los datos del rover Curiosity. Su trabajo ayudó a identificar compuestos orgánicos ancestrales en la superficie marciana, mediante una combinación de simulaciones de laboratorio, trabajo de campo y modelado en química, física y biología. Tras la lamentable pérdida de Rafael durante la pandemia de COVID—19, la NASA propuso que una de las montañas del planeta rojo llevara su nombre.

El derecho espacial debe concebirse como una respuesta dinámica a los avances de la ciencia y la tecnología, que no solo abren nuevas oportunidades, sino también generan riesgos y vulnerabilidades inéditas.

Una de las lecciones más valiosas aprendidas en el pasado, y que resulta esencial para el porvenir, es que el desarrollo del derecho internacional debe entenderse como una respuesta a los avances científicos y tecnológicos, pues estos no solo abren horizontes, sino que también plantean desafíos y fragilidades que requieren atención jurídica y ética.

Esto implica desarrollar las capacidades necesarias para obtener el máximo beneficio de una economía espacial, sin perder de vista las lecciones del pasado y del presente, que han contribuido a mantener el uso del espacio con fines pacíficos. Para alcanzar la sostenibilidad, es indispensable incorporar una enseñanza fundamental: todo objetivo que se adopte requiere medios adecuados para su cumplimiento. Si deseamos que el espacio se convierta en un motor para fomentar relaciones más justas y equitativas entre las naciones, es preciso construir un proceso verdaderamente incluyente.

Con la adhesión de México a los Acuerdos Artemis —que tuve el honor de firmar— se abren grandes oportunidades en la exploración y uso del espacio, en concordancia con los principios que reconocen al cosmos como patrimonio común de la humanidad y promueven la cooperación en la exploración civil de la Luna, Marte, cometas y asteroides con fines pacíficos.

Los Acuerdos Artemis, establecidos en 2020, constituyen un conjunto de principios, directrices y mejores prácticas no vinculantes, basados en el Tratado sobre los Principios que Rigen las Actividades de los Estados en la Exploración y Uso del Espacio

Ultraterrestre, así como en otros instrumentos internacionales, como la Convención sobre el Registro de Objetos Lanzados al Espacio y el Acuerdo sobre el Rescate y Retorno de Astronautas. Estos acuerdos buscan garantizar una exploración civil del espacio que sea sustentable, segura y transparente.

La firma del Acuerdo no compromete a los países a emprender actividades espaciales específicas, ni limita su capacidad para cooperar con naciones firmantes o no firmantes; simplemente manifiesta su adhesión a un marco ético y colaborativo para el desarrollo espacial.

Los países firmantes de los Acuerdos de Artemis trabajan activamente para definir la mejor manera de implementar sus principios y establecer las prácticas necesarias que garanticen la seguridad, la transparencia y el uso sustentable del espacio. La labor de los signatarios puede complementar e informar múltiples discusiones dentro del Comité de las Naciones Unidas sobre los Usos Pacíficos del Espacio Ultraterrestre (COPUOS), así como en otros foros internacionales relevantes.

La firma de los Acuerdos de Artemis suele estar a cargo de altos dirigentes de cada país, generalmente el titular de la agencia espacial nacional y/o un funcionario ministerial de alto nivel o equivalente.

Los líderes de los Acuerdos de Artemis prevén reunirse al menos una vez al año, preferentemente durante el Congreso Internacional de Astronáutica o en algún otro foro en el que la mayoría pueda coincidir.

La conquista o colonización de la Luna y Marte parte del actor más relevante: el ser humano. A lo largo de la historia, la civilización ha demostrado cómo el ser humano, en cada etapa, ha observado su entorno, comenzando por la Tierra y los mares, para luego alzar la vista, elevar el vuelo e incursionar en el espacio ultraterrestre, explorándolo como parte del Sistema Solar y sus cuerpos celestes, sin perder de vista una cuestión esencial: el origen de la vida.

Siendo la NASA la principal potencia espacial a nivel mundial, a continuación, se indican algunas de sus prioridades para los próximos años:

— Consolidar los logros del exitoso lanzamiento de Artemis I y trazar el camino hacia una presencia sostenida en la Luna y, posteriormente, en Marte.

— Avanzar en la exploración robótica de Marte.

— Apoyar la extensión de las operaciones de la Estación Espacial Internacional (ISS) hasta el año 2030.

— Garantizar una transición segura y sin contratiempos de la ISS hacia destinos comerciales en la órbita terrestre baja.

— Destinar financiamiento al Observatorio del Sistema Terrestre, mediante una nueva generación de misiones satelitales que estudien nuestro planeta como un sistema integral.

— Incluir recursos para un nuevo Centro de Información de la Tierra, que permita hacer los datos climáticos más accesibles y útiles para todos.

— Invertir en tecnologías revolucionarias para los viajes espaciales, como la energía nuclear y los sistemas avanzados de propulsión.

— Involucrar a estudiantes de disciplinas STEM en las misiones de la NASA, con el objetivo de formar a la próxima generación de científicos, ingenieros y exploradores: la Generación Artemis.

El espacio es inspiración para las nuevas generaciones de científicos e ingenieros; es innovación tecnológica, oportunidad de negocios y motor para fortalecer la economía espacial. Representa una vía hacia el bienestar de la población, la protección de nuestro planeta y la exploración de los misterios del universo. El espacio es parte de nuestro porvenir, y nosotros somos parte del futuro del espacio.

La ciencia y la tecnología nos hacen libres y nos humanizan: implican respeto, tolerancia y la capacidad de alcanzar consensos. El espacio es pasión, energía, creatividad e inspiración. Es una expresión del progreso de la humanidad, un impulso a la esperanza. Promueve la paz y la prosperidad. Es el Nuevo Renacimiento.

Venimos de las estrellas y nuestro destino final serán las estrellas.

Bibliografía Consultada

1. Satellite Communications. Harry L. Van Tress. IEEE Press 1979.
2. Comunicaciones por Satélite. Rodolfo Neri y Salvador Landeros, Universidad Veracruzana, 2015.
3. El Neo Derecho Espacial y los Acuerdos de Artemisa sobre la Luna. Braulio Guerra Urbiola, Tirant, 2023.
4. Construyendo México. Asociación de Ingenieros y Arquitectos de México, 2018.
5. Hispanismo, CÉNIT del Humanismo. Avelino Cortizo Mártinez y Francisco García—Blanch de Benito, 2023.
6. La evolución del sector TIC en España: una comparación internacional, Jordi Vilaseca, Joan Torrent, UOC 2002.
7. San Juan del Río, Geografía e Historia, Rafael Ayala Echávarri. Gobierno de Querétaro, 2006.
8. Programa Nacional de Actividades Espaciales (PNAE), SCT—AEM, DOF 2020.
9. Para toda la humanidad—el futuro de la gobernanza del espacio ultraterrestre, Naciones Unidas, 2023.
10. NASA, https://www.nasa.gov/moontomarsarchitecture—architectirgfromtheright/
11. NASA, https://www.nasa.gov/moontomarsarchitecture—strategyandobjectives/
12. NASA, The President's 2024 Budget, 2023.

13. El libro del corredor, Jeff Galloway, Trillas 1991.
14. https://es.wikipedia.org
15. Memorias del Consejo Consultivo, IFT 2025

Índice

Infancia y adolescencia 7

La plaza y el espacio 11

La Gran UNAM y las derivaciones 21

Mi estancia en España 45

Mi querida Facultad de Ingeniería 57

Sorpresas y Alegrías 65

Actividades gremiales 99

Sistema de Satélites Morelos 135

Creación de la Agencia Espacial Mexicana 155

Director General de la Agencia Espacial Mexicana 173

Familia y Deporte 209

El futuro del espacio 219

Bibliografía Consultada 235